纹织 CAD 原理及应用

张森林　编著

东华大学出版社

内 容 提 要

本书系统地阐述了织物的一些基本概念、纹织CAD的基本原理及实际应用。第一、二、三章讲述织物的一些基本概念;第四、五、六、七章讲述纹织CAD的基本原理和使用方法;第八章讲述纹织CAD在实际提花织物设计中的应用实例。读者通过对本书的阅读和学习,可以对纹织CAD的原理和应用有一个较全面的认识和把握。

图书在版编目(CIP)数据

纹织CAD原理及应用/张森林编著.—上海:东华大学出版社,2005.8
ISBN 978-7-81038-980-8 (2011.12重印)

Ⅰ.纹... Ⅱ.张... Ⅲ.纺织工业—计算机辅助设计—高等学校—教材 Ⅵ.TS101.8-39

中国版本图书馆CIP数据核字(2005)第098278号

责任编辑:阎 梅
执行编辑:杜亚玲
封面设计:比克设计

纹织CAD原理及应用

张森林 编著
东华大学出版社出版
上海市延安西路1882号
邮政编码:200051 电话:(021)62193056
新华书店上海发行所发行
杭州富春印务有限公司印刷
开本:787×1092 1/16 印张:11.5 字数:294千字
2005年8月第1版 2011年12月第2次印刷
印数:4 001～5 000
ISBN 978-7-81038-980-8/TS·200
定价:28.00元

前　言

我国是一个纺织大国,纺织业在国民经济中一直处于相当重要的位置。提花织物是纺织行业中技术含量和附加值都比较高的品种。传统的提花织物设计由小样设计、意匠设计、轧花、穿板等步骤组成,靠手工操作,采用试织方式检验,如果试织不满意,就需要重复上述步骤,直到满意为止。这种重复工作不仅时间长,且需要消耗大量人力和物力,生产效率低。我国从 20 世纪80 年代开始引进和研制开发纹织 CAD 系统,并取得了长足的进步。现在纹织 CAD 系统已应用于装饰布、沙发布、地毯、商标、服装面料、领带、丝绸、毛巾、毛毯、经编等提花织物。国产纹织CAD 系统的综合性能已达到国际先进水平,且价格大大低于国外同类产品,为纹织 CAD 技术的推广使用奠定了良好的基础。现在,国内的大部分企业已采用纹织 CAD 系统,大大提高了设计的速度和质量,为适应国际纺织品市场"多品种、小批量、高质量、变换快"的特点提供了先进的技术装备。

本书是我们在十多年从事提花织物 CAD/CAM 研究、开发、推广、培训的基础上,根据多所纺织院校和纹织设计人员的要求,并考虑多层次人员的需求编写而成的。本书选材适当、深入浅出、注重实用,既可用作大专院校的教材,也可作为纹织设计人员的参考书。

在本书的编写过程中,许勇和姜位洪提供了大量的素材,并参加了部分章节的编写工作。

本书的完成得到了樊臻、金子敏、王红、韦汝恋、钱芬琴的大力协助,在此表示感谢。

由于编者水平有限,书中难免有缺点和不足,敬请广大读者多提宝贵意见。

编者

目　　录

第一章 织物概述与织物分析

第一节 织物概述

所谓织物就是指用纺织纤维织造而成的片状物体,一般可以将织物分为机织物、针织物以及非织造织物,在本书中我们是以机织物为主要的研究对象。所谓的机织物就是指经、纬两系统的纱线在织机上互相交织而成的织物(还有由三向纱线以一定角度交织而成的三向机织物,比较少见)。

在织机上,纵、横两系统的纱线按一定的浮沉规律交织而形成织物,织物纵向的纱线称为经纱,横向的纱线称为纬纱。对于一块新的织物,首先应该判断它的经、纬纱。一般来说,在织物内平行于织物边的纱线为经纱,另一系统的纱线则为纬纱。除了有以上的直观判断方法之外,还可以根据纱线的粗细即纱线的线密度来判断经、纬纱,一般来说纬纱粗,经纱则相对纬纱而言较细;同样一般而言同一块织物的经线密度(即沿纬线方向 1cm 宽度中经纱的根数)大于纬线密度(即沿经线方向 1cm 高度中纬纱的根数),所以当分析出一块织物中两个方向系统纱线的密度之后,就可以根据密度来判断织物的经、纬纱,密度大的为经纱,密度小的为纬纱。

机织物的宽度一般从几十厘米到几米不等,要根据织物的具体用途来确定织物的宽度,织物的长度一般是以匹为单位来计算的,织物的匹长一般从 20m 到 50m 不等。

在织物内经纬线按一定的规律相互浮沉交织,这种相互浮沉交织的规律称之为织物组织。在织物内,每一根经线和每一根纬线都必定有一个交织点,这个交织点称之为组织点。组织点有经组织点与纬组织点之分,当某个交织点中经线在纬线之上时,就称该组织点为经组织点;反之,某个交织点中如果纬线在经线之上,就称该组织点为纬组织点。织物组织的分析就是概述中将要阐述的主要问题。

每一块织物都是由一个或若干个有规律交织的织物组织构成的,其中每一个织物组织中经组织点和纬组织点的排列规律重复一次所需的经线根数和纬线根数分别称为该块组织的经线循环数(完全经线数)和纬线循环数(完全纬线数),其中的经线循环数用 R_j 表示,纬线循环数用 R_w 表示,R_j 和 R_w 又称为织物组织的枚数,例如某个组织的 $R_j = R_w = 5$,则称该组织为 5 枚的组织;某个组织的 $R_j = 8, R_w = 16$,则称该组织为经向 8 枚,纬向 16 枚的组织。一般来说织物组织的循环愈大,所构成的织纹也就愈复杂。

织物组织中除了有枚数这一概念之外,还会有飞数这一概念。飞数就是指在织物组织中,同一系统内(即经线或纬线系统)相邻的两根丝线上,相应的经(纬)组织点之间相隔的纬(经)线数。飞数我们以 S 来表示。按照飞数的方向又可将飞数分为经向飞数(S_j)和纬向飞数(S_w)。如果是沿经线方向数的飞数称为经向飞数,沿纬线方向数的飞数称为纬向飞数。一般说的飞数是以纬向飞数为主的。理论上可以将飞数看作一个向量,经向飞数以向上方向为正,向下方向为负;纬向飞数则以向右方向为正,向左方向为负。以后章节所用的组织如果不作说明的话其飞数均指纬向飞数。

织物组织还有经面组织、纬面组织、双面组织之分,在一个组织循环内,如果经组织点多于纬组织点,这种组织称为经面组织;如果纬组织点多于经组织点则称为纬面组织;如果经纬组织点同样多,则称为双面组织。

图 1-1 即为一些具体的组织。其中的(1)为 5 枚 2 飞的经面组织,(2)为 8 枚 3 飞的纬面组织,(3)为 10 枚 7 飞有 2 个经压点的纬面组织,(4)为 8 枚 5 飞有 4 个经压点的双面组织。

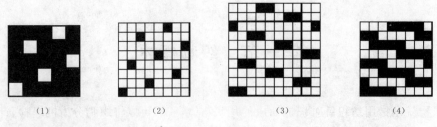

图 1-1　织物组织图

对于织物组织主要使用的有意匠纸表示法。意匠纸表示法就是将织物组织描绘在印有小方格的意匠纸上,纸上小方格的纵向表示经线,横行表示纬线。每根经线与纬线相交的一个小方格就表示一个组织点。一般来说在方格内绘有符号的表示经线浮于纬线之上,称为经组织点(经浮点),常用■、⊠、◯、●等符号来表示;方格内不绘符号表示纬线浮于经线之上,称为纬组织点(纬浮点)。对于任意一个组织点来说,它一定是经组织点或纬组织点其中之一,两者必居其一(也一定只有一种)。

织物组织是构成织物的重要环节,它的种类有无数种,但是我们可以根据参加交织的经、纬线组数以及交织规律等因素将织物组织做以下的一些分类:

一、简单组织

这类组织是由一组经线和一组纬线交织而成的,可分为以下几小类:

(1)原组织:主要有平纹组织、斜纹组织、缎纹组织三类,它们是各类组织的基础。

(2)变化组织:是由各种原组织变化而来的。

(3)联合组织:是由两种或两种以上的原组织或变化组织按不同的方式联合而成的。

二、复杂组织

这一类组织是由多组经、纬纱交织而成的组织,结构比较复杂,主要有以下几种:

(1)重纬组织:由两组或两组以上的纬线和一组经线交织而形成的组织。

(2)重经组织:由两组或两组以上的经线和一组纬线交织而形成的组织。

(3)双层组织:由两组经线和两组纬线分别交织而成的两层重叠的组织。

(4)多层组织:由多组经线和多组纬线分别交织而成的多层重叠的组织。

(5)起绒组织:由一组经线和一组纬线交织构成地组织,另一组绒经(或绒纬)在织物的表面竖立形成绒毛或绒圈的组织。

(6)纱罗组织:由地经和绞经相互绞转地与纬纱交织,使织物具有纱孔效应的组织。

在这其中原组织是一切组织的基础,任何变化组织以及复杂组织都是由原组织变化衍生而来的。原组织也称为三原组织或基元组织。它有其一些基本的特征:

(1)原组织的一个组织循环中经线数与纬线数相等,即 $R_j = R_w$。

（2）原组织的一个组织循环内，每一根经线或每一根纬线只具有一个经组织点（或纬组织点），其余的都是纬组织点（或经组织点）。

（3）原组织的飞数为一常数。

对于原组织下面的章节中将详细的介绍。

总之无论是简单组织还是复杂组织都是构成织物必不可少的因素，只要能够熟练的对这些组织加以应用以及恰当的搭配，就可以设计出丰富多彩的小花纹织物以及大花纹织物。

第二节　织物上机图

所谓的织物上机图就是指将织物的组织以及工艺特征用图解的方式来加以表达，指导织物的设计以及织造。

上机图一般包括组织图、穿筘图、穿综图、关系图以及纹板图五个部分。这五个部分之间的关系如图1-2所示。其中的组织图位于左下方，穿筘图位于组织图之上，穿综图位于左上方，纹板图位于右下方，关系图位于右上方。

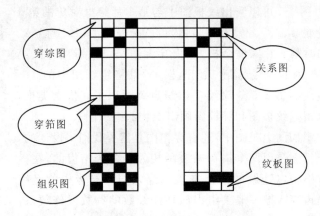

图1-2　织物上机图

穿筘图用两个横行分别表示相邻的两个筘齿，其中涂有符号者表示该竖行对应的经纱穿入该筘齿。

穿综图中的每一横行表示一片综框，每一纵行表示一根经线，其中有符号的就表示对应的经线穿入该综框。综框的次序为从下至上。

关系图中的每一横行对应穿综图中的一片综框，每一纵行对应纹板上的一个纹针。

纹板图中的每一横行表示每投一纬时，纹板上纹针的轧孔情况，每一纵行则对应穿综图中的一片综框。

在织物上机图中，组织图、穿综图、纹板图三者之间是互成因果关系的，已知其中的任意两个就可以根据它们之间的关系求出第三者。下面我们就这三种情况分别加以说明。

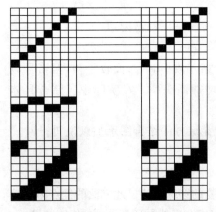

图1-3　已知组织图、穿综图做纹板图

一、已知组织图和穿综图做纹板图

图1-3中第1根经线穿入第1片综框内，由组织图可以看出当织造第1、7、8纬时第1根经线需要提升，因为在织造1、7、8纬时第1片综框提升，所以在纹板图中的第1竖行中的1、7、8格相应的应该涂绘。同样的第2根经线是穿入第2片综框的，由组织图可以看出当织造第1、2、8纬时第2根经线需要提升，所以在织造1、2、8纬时第2片综框应该提升，所以在纹板图中的第2竖行中的1、2、8格相应的应该涂绘。依次类推，就可以做出纹板图来了。

还可以用另一种思路来绘制纹板图。同样是图1-3，从组织图中可以看出经线1、2、3浮于第1根纬线之上，而

1、2、3 这三根经线是分别穿入 1、2、3 这三片综框中的,这也就是说在投入第 1 纬时第 1、2、3 三片综框应该提升,所以纹板图中的第 1 横行中的 1、2、3 应该涂绘。同理纹板图中的第 2 横行中的 2、3、4 应该涂绘,依次类推,同样可以画出纹板图来。

二、已知组织图和纹板图做穿综图

图 1-4 已知组织图、纹板图做穿综图

如图 1-4 所示,由组织图可以看出当织造第 1、8 纬时第 1 根经线需要提升,由纹板图可以看出当第 1 片综框提升时,第 1、8 纬为经组织点,所以可以判断第 1 根经线应该穿入第 1 片综框,同样可以看出第 2、3、4 根经线应该分别穿入第 2、3、4 片综框中,第 5 根经纱提升规律与第 4 根经纱相同,所以同样也可以穿入第 4 片综框中,同理 6、7、8 根经纱应该分别穿入 3、2、1 片综框中。

三、已知纹板图和穿综图做组织图

由图 1-5 可以看出纹板图中与第 1 片综框对应的第 1 纵行上的 1、2、5、8 绘有符号,这也就是表明了在织造 1、2、5、8 纬时第 1 片综框会提升,由穿综图又可以看出穿入第 1 片综框内的经线为第 1、5 两根,所以将组织图中的 1、5 两根经线的 1、2、5、8 涂绘上组织点就可以了。依次类推,就可以根据纹板图和穿棕图画出织物的组织图来了。

图 1-5 已知纹板图、穿综图做组织图

在织物的上机图中,还有穿筘图是需要我们来设计的,在意匠纸上是以两个横行来表示相邻的两个筘齿的,在横向的方格中以连续的涂绘来表示穿入同一筘齿中的经线数。筘齿穿入数一般是组织循环经线数的约数或倍数,边经的筘齿穿入数一般比内经的筘齿穿入数要大。

对于穿综图来说,还有一个筘号的概念(即每厘米中有多少筘齿),筘号有内经筘号与边经筘号之分。

内经筘号(筘/cm)=内经线数(根)/〔钢筘内幅(cm)×筘齿穿入数(根/每筘齿)〕。

边经筘号(筘/cm)=边经线数(根)/〔边幅(cm)×筘齿穿入数(根/每筘齿)〕。

常用的筘号一般为 5~44 号。

在确定织物的筘齿穿入数时还应与筘号加以结合。筘齿穿入数小时,布面较平整,但筘号应相应增大,筘号大了后筘齿间距变小,经线之间摩擦增大,会增加断头率。在实际中应结合具体的织物的特性来确定筘号以及筘齿穿入数。

对于穿综图来说,有很多的穿综方法,下面就一些常见的穿综方法结合图示加以说明。

1. 顺穿法

如图 1-6 中的(1),将经线依次连续的穿入各片综框,依次重复的穿综方法。此方法的优点为穿综方便,任何组织均可以采用,缺点是需要的综片数较多。适用于经密和经线循环都不大的织物穿综。

2.飞穿法

　　如图1-6中的(2),将综片划分为若干组(组数等于经线循环数或其倍数),穿综的次序为先穿各组中的第1片综,再穿各组中的第2片综,以次类推的穿综方法。此方法适用于经密大而经线循环小的织物穿综。

3.山形穿法

　　如图1-6中的(3),将经线按顺序依次从第1综穿至最后一片综,然后再沿相反的方向穿,最后形成山形。此方法适用于对称花纹的织物穿综。

4.照图穿法

　　如图1-6中的(4),所谓照图穿即是将升降规律相同的经线穿入同一片综框。此方法由于可以减少综框数,适用于经线循环较大,而综框较少的织物的穿综。

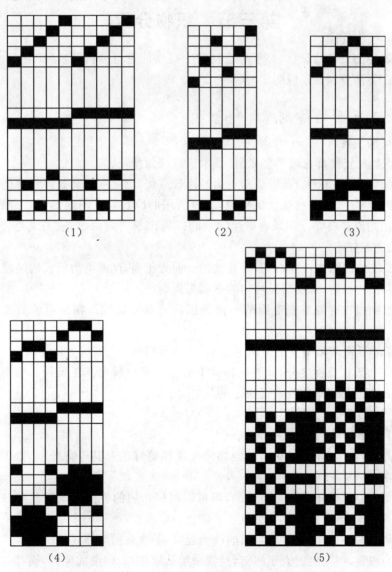

图1-6　穿综图

5. 分区穿法

如图 1-6 中的(5),即是将综框分为若干个区,然后根据织物中的组织将织物分为不同的区间进行穿综。此方法适用于包含不同组织的织物。

在设计织物的穿综图时,还应注意以下一些问题:

(1) 组织点不同的经线一定不能穿入同一片综框,而组织点相同的经线应尽量穿入同一片综框。

(2) 提升次数多的经线穿入靠前的综框,而提升次数少的经线穿入后面的综框。

(3) 穿入次数多的经线在前,穿入次数少的经线在后。

(4) 性能差的经线尽量穿入前面的综框,性能好的经线穿入后面的综框。

(5) 综丝密度(单位长度综框中的综丝数)不应过大。

第三节　织物分析

为了能够设计出正确的织物,必须对织物的一些性能进行分析,包括织物的经纬密、织物经纬向的鉴别等。下面分别加以说明。

一、织物正反面的鉴别

织物的正反面主要有以下一些鉴别方法:

(1) 一般织物的正面都比较平整光滑,显示出花纹的特征。

(2) 以组织来区分,如为经面组织则正面经浮长占优,反之则正面纬浮长占优。

(3) 若织物为重经、重纬或双层织物时,表里所用的原料如果不同的话,一般来说正面所用的原料比反面用的原料要好。如果表里经(纬)的排列比不同的话,一般来说是表组织的密度较大,而里组织的密度较小。

(4) 有凹凸花纹的织物,显示出凹凸花纹的一面为正面,反面则为较长的经浮长或纬浮长。

(5) 具有条纹的织物,条纹明显均匀的一面为正面。

(6) 单面起绒织物有绒毛或毛圈的一面为正面。双面起绒织物绒毛整齐光洁的一面为正面。

(7) 纱罗织物孔眼清晰平整的一面为正面,反面较粗糙。

也有一些织物无正反面之分,此类织物就不必一定要分辨出其正反面。也有一些织物所谓的正反面是由各人的不同审美观点而决定的。

二、织物经纬向的鉴别

任何一块布样都必须正确的确定其经纬向才能够更好的对其进行分析,以下是一些常用的经纬向鉴别方法:

(1) 如果所取得的布样是带有布边的,则可以根据布边的方向来确定其经纬向。其中与布边平行的方向为经向,而另一方向为纬向。

(2) 含有浆料的坯布样品,含有浆料的线为经线,不含浆的为纬线。

(3) 一般的织物,都是经密大于纬密,经线采用品质较好、较细的原料,而纬线则采用品质较差的原料。

（4）绒织物,多为经线起绒,所以有绒毛的方向为经向;如果为纬起绒,则有绒毛的方向为纬向。

（5）纱罗织物中,相互扭绞的线为经线。

（6）有些大提花的织物,可根据织物的组织及图案来辩认,一般沿花卉或动物正身方向的纱线为经线。

总之经纬向的正确判断对工艺设计是必不可少的。

三、织物经纬密度的分析

织物单位长度中所排列的纱线根数称之为织物密度。其中沿纬线方向的密度称为经线密度,沿经线方向的密度称为纬线密度。一般是以 1cm 中的纱线根数来作为密度的计量单位的（即根/cm）,也有英寸制的密度计量方法的（即根/英寸）。常用的分析织物密度的方法有以下一些:

（1）沿纬（经）向量出 1cm 的长度,然后用拆拨法数出其中所含有的纱线根数,所得的纱线根数即为织物的经（纬）密。

（2）根据组织计算织物的经纬密,即数出单位长度中某组织的循环数,然后再用该组织单循环中的丝线数乘以数得的循环数就可以得到织物的经纬密度了。

（3）根据织机的一些规格计算出织物的经纬密。例如已知某块织物所用的总经纱数,也知道该块织物的总幅宽,则用总经纱数除以总幅宽就可以得到织物经密了。

（4）使用密度分析镜直接数出织物的经纬密。

四、织物经纬原料鉴别

织物所采用的原料是多种多样的,判断织物原料的方法也是很多的。常用的鉴别方法有感官鉴别法、燃烧法、显微镜鉴别法、化学鉴别法等多种鉴别方法。

五、织物缩率的分析

所谓的织物缩率就是指织造织物所用的纱线原长与织物长度之间的差值与纱线原长的比值,分为经向缩率和纬向缩率,有如下的计算公式:

$$a = (L_1 - L_2)/L_1 \times 100\%$$

式中:a —— 织物缩率（%）;

L_1 —— 织物中的纱线原长（cm）;

L_2 —— 织物长（宽）度（cm）。

六、织物组织的分析

织物组织分析也就是要找出织物经、纬线的交织规律,织物组织的分析方法是有很多种的,应视具体的布样以及织物组织来分析。常用的有分析镜分析法以及拆拨法。

1. 分析镜分析法

用分析镜以及拨布针直接将织物的组织分析出来。一般在织物密度较小、经纬线较粗时采用此方法,且用此方法一般是以分析纬面组织为主,如果所分析的组织为经面组织,则可以分析该组织的反面组织。

2. 拆拨法

在纱线拨松的状态下,观察出经纬线的交织规律,也就是先将样品的经、纬线拆去一部分,留出丝缨,然后用拨布针将第 1 根经线(纬线)拨开,使其与第 2 根经线(纬线)之间有一定的间隔,置于丝缨之中,此时就可以观察第 1 根经线(纬线)与纬线(经线)之间的交织规律了,然后将观察到的交织情况记录下来。再将第 1 根经线(纬线)抽出,拨出第 2 根经线(纬线)以同样的方法记录其交织规律,依次拆拨,一直到分析出循环为止,将该循环绘出就是分析出的组织了。一般来说在拆拨时,最好是将密度大的丝线拨开,观察密度小的系统的丝线与拨开丝线之间的交织规律,所以一般是以拆拨经线,观察纬线与拆拨经线之间的交织规律为主要的拆拨方法的。

在分析起绒织物的组织时,可以先将绒毛剪去或烧去之后再分析,其地组织可从反面分析。双层组织可以分别分析其两层的组织,然后做出组织展开图就可以了。

织物的组织分析还将在以后的章节中做一些详细的说明。

第四节　织物规格计算

所谓织物的规格就是指织物的幅宽、经纬密度、匹长等参数,下面对这些参数进行一些具体的说明:

一、幅宽计算

织物的幅宽分为成品幅宽、坯绸幅宽及上机幅宽(筘幅)。

成品幅宽是指最后处理好的布匹的幅宽,可以直接量出,坯绸幅宽及上机幅宽计算如下:

坯绸幅宽(cm)＝成品幅宽(cm)/〔1－染整幅缩率(%)〕

上机幅宽(cm)＝坯绸幅宽(cm)/〔1－织造幅缩率(%)〕＝ 成品幅宽(cm)/｛〔1－染整幅缩率(%)〕×〔1－织造幅缩率(%)〕｝＝内经穿筘总齿数/内经筘号＋边经穿筘总齿数/边经筘号

以上公式中的染整幅缩率、织造幅缩率和织物所用的纱线以及染整工艺有很大关系,具体的幅缩率可以查阅一些相关的专业书籍。

二、经纬密度计算

织物的密度同样也分为成品密度、坯绸密度及上机密度,同时又分为经向和纬向两个方向。

坯绸经密(根/cm)＝成品经密(根/cm)×〔1－染整幅缩率(%)〕＝成品经密(根/cm)×〔成品幅宽(cm)/坯绸幅宽(cm)〕

上机经密(根/cm)＝坯绸经密(根/cm)×〔1－织造幅缩率(%)〕＝成品经密(根/cm)×〔1－染整幅缩率(%)〕×〔1－织造幅缩率(%)〕＝筘号(筘/cm)×筘穿入数

坯绸纬密(根/cm)＝成品纬密(根/cm)×〔1－染整长度缩率(%)〕

上机纬密(根/cm)＝坯绸纬密(根/cm)×〔1－坯绸下机长度缩率(%)〕＝成品纬密(根/cm)×〔1－染整长度缩率(%)〕×〔1－坯绸下机长度缩率(%)〕。

如果是翻样已知的织物,则可以通过上一章节中的方法将织物的成品经纬密度得出。如果是新设计一块织物,则织物经纬密度的确定一般是根据经验来确定的,即根据其它相仿织物的经纬密度来确定新设计织物的经纬密度。这种方法需要设计人员要有很丰富的设计经验,并且要不断的试织,直到得出合适的经纬密度。

三、总经线数计算

总经根数(根)＝内经根数(根)＋边经根数(根)

内经根数＝成品内幅(cm)×成品经密(根/cm)

　　　　＝钢筘内幅(cm)×上机经密(根/cm)

　　　　＝钢筘内幅(cm)×筘号(筘齿/cm)×穿入数(根/筘齿)。

边经根数＝每边成品边幅(cm)×成品边经密(根/cm)×2

　　　　＝每边穿筘齿数×穿入数(根/每筘齿)×2

四、织物成品重量计算

织物成品重量,即是指下机坯绸经过后处理后织物的重量。

全幅每米成品重量(g)＝每米成品的经线重量(g)＋每米成品的纬线重量(g)

每米成品的经线重量(g)＝{〔内经根数×线密度(tex)〕/〔1000×(1－经线长度总缩率(%))〕＋边经根数×线密度(tex)/〔1000×(1－经线长度总缩率(%))〕}×〔1－重量损耗率(%)〕

每米成品的纬线重量(g)＝成品纬密(根/cm)×上机幅宽(cm)×线密度(tex)/{1000×〔1－重量损耗率(%)〕}

以上公式中的经线长度缩率是指经过准备、织造、染整等所有工序后的纱线长度收缩率。重量耗损率是指坯绸经过精炼、整理后的重量变化。

重量耗损率(%)＝〔坯绸重量(g)－成品重量(g)〕/坯绸重量(g)×100%

经线长度缩率和重量耗损率都可以通过查阅一些专业书籍或根据经验而取得。

五、匹长计算

织物成品的匹长主要是根据织物的用途等因素而确定的。一般内销产品的匹长为30m左右,外销产品以 36.6m、45.7m(即 40 码、50 码)为主。

坯绸匹长(m)＝成品匹长(m)/〔1－染整长度缩率(%)〕

整经匹长(m)＝坯绸匹长(m)/〔1－织造长度缩率(%)〕

其中的染整长度缩率和织造长度缩率可以查阅相关资料或根据经验而得到。

织物规格计算除了以上的一些内容之外,还有筘号以及综丝密度的计算等,这些在前面的章节中已经有了说明,织物的规格对产品的织造生产有着很重要的作用,只有正确的计算出织物的这些规格,才能够织造出正确、美丽的织物。

第二章　织物组织

第一节　平纹与平纹变化组织

平纹组织是最简单的组织,它是由经、纬纱线一上一下相间交织而成的,图2-1即为平纹组织的一个循环。平纹组织的一个组织循环是由两根经纱和两根纬纱交织而成的,组织循环数 $R_j = R_w = 2$,飞数 $S_j = S_w = 1$,平纹组织的一个组织循环内有两个经组织点和两个纬组织点,所以是双面组织,无正反面之分。

（1）　　　　　（2）

图2-1　平纹组织

平纹组织有单起平纹与双起平纹之分。如果平纹组织中经组织点的起始点位于奇数经线和奇数纬线(或偶数经线和偶数纬线)相交处,则称其为单起平纹;如果平纹组织中经组织点的起始点位于奇数经线和偶数纬线(或偶数经线和奇数纬线)相交处,则称其为双起平纹。图2-1中的1为单起平纹,2为双起平纹。

由于平纹组织的经纬线每隔一根就交织一次,经纬交织点排列紧密,所以平纹组织在三原组织中属于结构紧密、质地坚牢、手感较硬的一种组织。

平纹组织虽然是最简单的组织,但它在织物中的应用是非常频繁的,并且可以通过配以不同的原料、线密度、经纬密度、经纬色线等来使平纹组织获得各种不同的外观和物理性能。

平纹组织在织造中如果经线细而纬线粗,则织物表面形成横向凸条,反之则形成纵向凸条。如果经纬线用粗细不同的丝线按一定规律间隔排列,则织物表面可以呈现条子或格子花纹。

丝线的捻向对平纹组织的外观也有很大的影响。当平纹织物采用相同捻向的经纬线时,表面反光不一致,光泽减弱,但由于经纬线交织处捻纹一致而密贴,所以织物的结构稳定,手感坚实;当采用不同捻向的经纬线时,表面反光一致,光泽较好,但经纬交织处不相密贴,织物松厚柔软。平纹织物还可以采用不同捻向的经纬线排列成条格而获得隐条、隐格效应。

平纹织物的经纬线还可以采用强捻纱线,这样的平纹织物经过精炼后,外观会产生缩皱效应。

同样可以通过调节织物上机张力来得到平纹织物的不同外观效应。如果用双经轴进行织造,一只经轴送出大张力的奇数经线,另一只经轴送出小张力的偶数经线,就能够织造出横向凸条的平纹织物来。

平纹组织在织物中应用很广,常见的素织物品种有电力纺、杭纺、无光纺、素塔夫、乔其、双绉、东风纱等;大提花织物也常用平纹来作地组织,例如华葛、花塔夫、花富纺、花线绨等。

在实际生产设计的过程当中,经常还会用到一些以平纹为基础的平纹变化组织。常见的一些平纹变化组织主要分为以下几类:

1. 重平组织

平纹组织延长组织点后,就称之为重平组织,经向延长称之为经重平,纬向延长则为纬重平。如图 2-2 中的(1)为 2 下 2 上的经重平;(2)为 4 下 4 上的经重平;(3)为 2 上 2 下的纬重平;(4)为 5 上 5 下的纬重平。经重平的织物由于数根纬线呈共口状,所以表面有横向凸条的效应;相应的纬重平织物表面则有纵向凸条的效应。这种重平组织主要用于厚重型仿毛料裤料、西服面料的织物的设计。

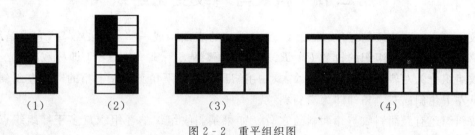

图 2-2　重平组织图

2. 方平组织

平纹组织点同时沿经纬线方向延展后得到的组织即为方平组织。方平组织有规则方平与不规则方平之分,图 2-3 中的(1)、(2)为规则方平,(3)、(4)为不规则方平。规则方平能改善织物的透气透湿性,主要用于厚重型织物的设计。而不规则方平除了具有以上特点之外,还能在织物中显示隐格效应,在实际设计中应用更广泛。

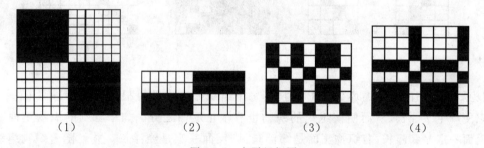

图 2-3　方平组织图

方平组织由于经纬浮长延长的原因,织物的紧度发生了很大的变化。有的方平可以显示非常明显的方格效应,但织物的坚牢度变差,如图 2-4 中的(1)所示组织,对于这类组织需要加以

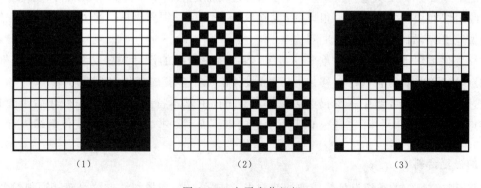

图 2-4　方平变化组织

改进。一般可以用嵌入基元平纹的方法来改进这类组织,改进后的组织如图 2-4 中的(2)所示,经过这样的变动之后不仅增加了织物的坚牢度还会使织物的疏松部分更加突出于织物的表面。除用嵌入平纹这种方法之外,还可以用改变经纬浮长的方法来对基本方平组织进行改进,图 2-4 中的(3)就是用这种方法由基本方平组织改进而得到的一个透孔组织,这种组织在织物中应用也很广泛。

将平纹的这些变化形式灵活的应用于各种组织设计中,就可以设计出更丰富多彩的产品。

第二节 斜纹与斜纹变化组织

斜纹组织由一些连续的经(或纬)组织点在织物的表面构成一些斜向的纹路,它也是织物中常用的一种组织。斜纹组织的枚数 $R_j = R_w \geqslant 3$,它的飞数 $S_j = S_w = \pm 1$(-1 即枚数减 1)。

斜纹组织分为左斜斜纹和右斜斜纹,其中组织压点从右下角斜向左上角的即为左斜斜纹;组织压点从左下角斜向右上角的即为右斜斜纹。

斜纹组织还有经面斜纹与纬面斜纹之分。如果某斜纹组织的经组织点多于纬组织点,则称该组织为经面斜纹组织,反之则称之为纬面斜纹组织。

图 2-5 即为一些常见的斜纹组织,其中的(1)为 4 枚 3 飞的纬面斜纹组织,(2)为 4 枚 1 飞的纬面斜纹组织,(3)为 8 枚 7 飞的经面斜纹组织,(4)为 10 枚 1 飞的纬面斜纹组织。

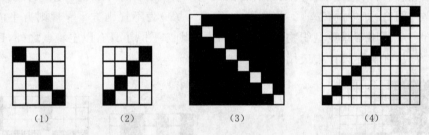

(1)   (2)   (3)   (4)

图 2-5 斜纹组织

因为斜纹组织的组织循环数 $\geqslant 3$,而且其每个组织循环中的每根经纱或纬纱只有一个交织点,所以便产生了浮长,从而使该组织的织物也有了正反面之分。如果看到的织物正面是经浮长,则反面一定是纬浮长;若织物正面是纬浮长,则反面一定是经浮长。并且随着织物组织循环数的增大,织物正反面的差异也越大。

由于斜纹组织的经纬浮长都比平纹组织的要长,所以在经纬密度相同的情况下,斜纹组织的强度较之平纹要小。在织造斜纹组织时,可以通过增加经纬密度来提高斜纹织物的强度。

斜纹组织在织物中的应用也很广泛,如斜纹绸、美丽绸、绢斜绸等。斜纹组织在提花织物中可以用做地组织,如九霞缎、红阳绸等。

斜纹变化组织也是一种非常重要的组织,斜纹变化组织的设计主要是利用斜向、倾角、经纬面等特点,采用加强、复合、重叠、移位等方法,设计出风格多变的变化组织。

经过变化后的斜纹组织一般仍然会保持具有斜向的基本特点。少数组织变化后也会失去斜向的特点,但只要整体平衡,也是很有实用价值的。下面就一些常见的斜纹变化组织进行说明。

1. 加强复合斜纹

将基原斜纹组织的组织点延伸或增加就构成了加强斜纹,加强斜纹的纹路较普通斜纹要清晰。将不同的加强斜纹或基原斜纹、平纹复合在同一个组织循环内即构成了复合斜纹,它是加强斜纹的发展。图 2-6 中的(1)即为 8 枚的加强斜纹,(2)为 5 枚加强斜纹,(3)、(4)均为复合斜纹。

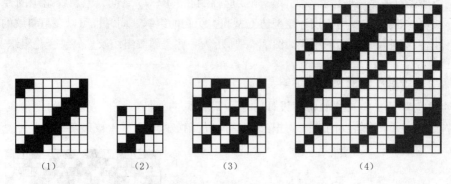

图 2-6　加强、复合斜纹

2. 重叠斜纹

所谓的重叠斜纹就是由 2 只或 2 只以上的斜纹重叠而得的变化组织。它不同于一般的复合斜纹,它可以利用斜向、倾角的变化来构成一些相对复杂的组织。在重叠斜纹的设计过程中应当注意以下一些问题:

(1) 重叠斜纹的组织循环数应是基础斜纹的组织循环数的最小公倍数。

(2) 应使重叠后的斜纹组织主次分明。

(3) 避免长浮线的出现,应在长浮线处嵌入花纹或组织来改善重叠斜纹设计中的缺陷。

图 2-7 中的组织即为一些重叠斜纹的设计实例。

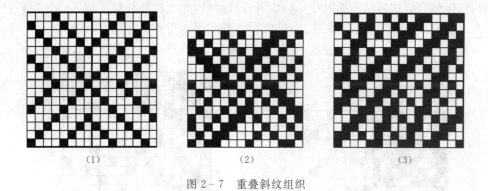

图 2-7　重叠斜纹组织

3. 急斜纹

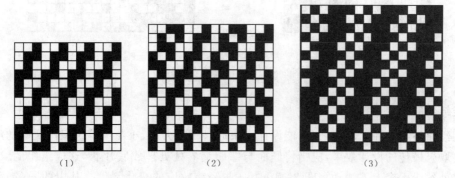

图 2-8　急斜纹及急斜纹变化组织

改变基础斜纹的经向飞数,就可以得到倾斜角度不同的急斜纹,急斜纹的倾角除与飞数有关之外,还与织物的经纬密有关。一般急斜纹的倾斜角度应控制在 60°～75°之间。急斜纹组织的经浮长一般都大于纬浮长,在织物中主要用于设计厚型仿毛型呢类织物的组织。同时也可以在急斜纹的基础上进行变化,设计出一些独特而实用的组织。图 2-8 所示为一些急斜纹组织及急斜纹变化组织。

4. 变换经纬纱顺序的变换斜纹组织

变换纱线位置是变换斜纹的常用设计方法。最常见的变换纱线位置获得的变换斜纹组织就是 4 枚破斜纹了,将 4 枚斜纹的 3、4 两根经纱的位置互换就得到了 4 枚破斜纹。

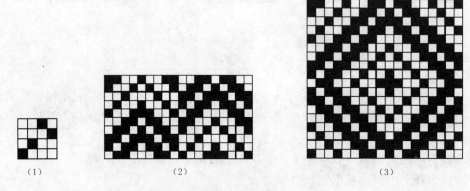

（1）   （2）   （3）

图 2-9　经纬纱位置变换斜纹

图 2-9 即为一些变换经纬纱位置而获得的变换斜纹组织,其中的(1)就是 4 枚破斜纹,(2)为变换斜纹经纱位置构成的变换斜纹,(3)为既变换经纱,也变换纬纱位置构成的变换斜纹组织。同时还可以用山形与跳穿相结合的方法排列经纱,这样可以得到一些具有皱效应的小花纹组织,读者可以自己设计一些这样的小花纹组织来看看效果,这样获得的小花纹比较具有实用性。

（1）   （2）

图 2-10　经纬效应变化斜纹

5. 经纬效应的变化斜纹

利用经面斜纹与纬面斜纹之分,能设计出条形、格形、方形、小花纹等组织。这样的组织清晰明快。要取得最佳的设计效果,应当将经面与纬面交界处处理成底片状,这样组织的纹路清晰,而且交接处丝线不会上下滑动。图 2-10 为一些经纬效应的变化斜纹。其中的图(2)需要在中间(即第 7 根与第 8 跟之间)加入一根经线来构成交界处的底片效应。

6. 增、减经纬组织点变化斜纹

在基础斜纹的基础上按照一定的规则增、减组织点,就可以获得此类斜纹。图 2 - 11 为一些实例。

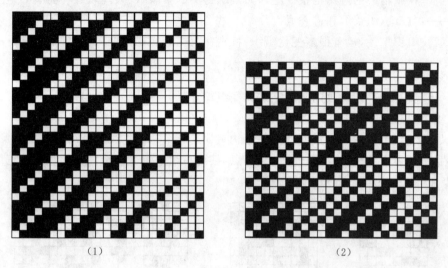

(1)　　　　　　　　(2)

图 2 - 11　增、减经纬组织点变化斜纹

第三节　缎纹与缎纹变化组织

缎纹组织就是经纱或纬纱在织物中形成一些单独的、互不连续的经组织点或纬组织点,这些单个的组织点一般分布均匀,并且会被两旁另一系统的纱线浮长所遮盖,织物表面有光泽,手感柔软。

缎纹组织的组织循环数 $R \geqslant 5$,飞数 $1 < S < R-1$。R 与 S 之间不能有公约数,因为如果 S 与 R 之间有公约数的话,则会在一个组织循环内某些纱线有几个交织点,而另一些纱线则一个交织点也没有,这样形成的组织是错误的。

缎纹组织分为经面缎纹和纬面缎纹之分。织物正面为经浮长的称为经面缎纹,织物正面呈现纬浮长的称为纬面缎纹。缎纹组织的正反面互为经纬效应。

图 2 - 12 为一些缎纹组织的实例。其中的(1)为 5 枚 2 飞的纬面缎纹,(2)为 8 枚 5 飞的经面缎纹,(3)为 10 枚 7 飞的纬面缎纹。

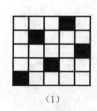　　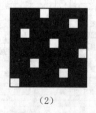　　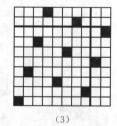

(1)　　　　　　(2)　　　　　　　　(3)

图 2 - 12　缎纹组织

在织物中常用的一些缎纹组织一般有 5 枚、8 枚、10 枚、12 枚、15 枚、16 枚等。其中对于循环数大于 10 的缎纹组织来说,一般是将其用于重纬织物的背面。而循环数在 10 以内的可以用做底组织。

在确定缎纹组织的飞数的时候,可以根据织物的经纬密度以及缎纹中的组织点所呈现的形状来确定,其中组织点呈现正方形的为最佳,其次为菱形,应尽量避免组织点呈平行四边形或长方形。

对于缎纹织物来说,经纬密对织物外观也有很大影响,对于经面缎纹来说,经线密度应该相对大一些才好,这样织物的覆盖性好,织物表面会更富有光泽;纬面缎纹织物的纬线密度也应该大一些好。

缎纹组织在织物中的应用也很广泛。如素织物中的素软缎、人丝软缎和羽缎等;在提花织物中有花塔夫、花广绫、织锦缎和古香缎等。

对于缎纹组织来说,也有很多变化组织,特别在大提花织物中应用很广,下面进行一些说明。

1. 加强缎纹

加强缎纹就是在普通缎纹的基础上增加经组织点(纬面缎纹)或纬组织点(经面缎纹)而构成的缎纹组织。

这类加强缎纹可以用逐渐过渡的方法来构成阴影组织,此类阴影组织主要用于像景等装饰织物中。我们还可以变换缎纹组织中的组织点,甚至将组织点变换成几何形状或其它组织。

图 2-13 为一些加强缎纹组织。

 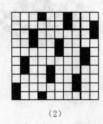 
(1)　　　　　(2)　　　　　(3)

图 2-13　加强缎纹

2. 变则缎纹

普通的缎纹组织的飞数是一个常数。如果在缎纹组织中采用两个或两个以上的飞数就可以获得变则缎纹了。变则缎纹既保持了缎纹的一些特征,又克服了普通缎纹组织点排列模式单一的弊病,具有一定的皱效应。

变则缎纹的组织循环数一般与基原缎纹的组织循环数相同。对于大提花织物而言,可以适当的扩大它的组织循环数,使之在一个较大的范围内组织点不成规律,这样更能够体现变则缎纹皱效应的特点,发挥变则缎纹的特长。图 2-14 为一些变则缎纹的组织图,其中的 1 为 8 枚的变则缎纹,2 为不规则的变则缎纹。

 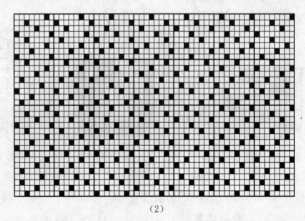
(1)　　　　　(2)

图 2-14　变则缎纹

第三章 意匠与纹板

第一节 意匠图的规格和计算

所谓的意匠工作就是指将设计好的纹样绘画到放大的意匠图上,同时根据织物的组织以及织机装造等将组织点的升降规律在意匠图中绘画出来,从而得到有组织点升降规律的组织图,可以用来制作纹板。

一、意匠图规格的选用

意匠图中的纵格代表经线(即纹针),横格代表纬线(即纹板)。其中横格与纵格的交织点就是组织点,每一个小方格就表示一个组织点。

为了保证所绘制的意匠图中的花纹图案不变形,所做的意匠图中的小方格的高与宽之比要与织物成品的经密与纬密之比相等。由于不同织物的经纬密有很大不同,所以意匠图规格也有很多种。

我国传统的手工意匠绘画中,常用的意匠纸规格有"八之八"到"八之三十二"等若干种,所谓的"八之八"意匠纸就是指织物成品的经纬密之比为 8:8(即经密等于纬密),如果为"八之十八"的意匠纸就是指织物成品的经纬密之比为 18:8,其余的依此类推,所以在选择具体的意匠纸规格时应该结合织物成品的经纬密度来选择。例如某织物的成品经纬密度分别为 58 根/cm 和 24 根/cm,则在选择意匠纸规格时应该选择 24:58≈8:19,即应该选择的意匠纸规格为"八之十九"的意匠纸。

意匠纸规格应该根据经纬密度比而确定。意匠纸密度比有以下的两个计算公式,其中的公式 1 为经重数(或纬重数)等于 1:1 时的计算方法,公式 2 为经重数(或纬重数)不等于 1:1 时的计算方法。

(1) 意匠纸密度比={〔织物成品经密/(把吊数×分造数)〕/(织物成品纬密/纬重数)}×8

(2) 意匠纸密度比=〔(织物成品表经经密/把吊数)/织物成品表纬纬密〕×8

在算意匠纸规格时,如果出现不能整除的情况,则可以以四舍五入的方法来确定意匠纸的规格。

在传统的手工意匠图中,意匠图中的每一粗线大格中纵横格数均为 8 小格。这样画的目的是为了便于对一些常用组织的意匠绘画,比如平纹组织、4 枚、8 枚、16 枚等组织的绘画。而且也便于后道的纹板轧孔作业。

在实际的意匠绘画中还会碰到很少一部分经密小于纬密的织物,常用的这些意匠纸规格便不能解决了,这时可以将意匠纸横用,这样便很好的解决了这个问题。对于还有一些经纬密相差很大而找不到合适的意匠纸的织物的设计,可以采用将同方向的方格两格用做一格的方法来解决这个问题。

以上是对传统的手工意匠的规格选用进行了一些初步的说明,现在大部分的企业已经采用了纹织 CAD 系统,在纹织 CAD 系统中,意匠纸规格是根据经纬密之比而自动确定的。下面就以浙大经纬 Jcad 为例进行说明。

Jcad 中无八之几的概念,意匠图中的意匠格之比是根据小样参数中的经纬密之比而自动确定的。例如在小样参数中输入的经密为 65 根/cm,纬密为 27 根/cm,则最后生成的意匠图中每一小方格的宽与高之比就是 27:65。在最后生成的意匠图中,每一大格内的经纬线数仍然为 8 根。

意匠图密度比除了和织物的成品经纬密有很大的关系之外,还和织物的组织结构以及织造织物的织机装造有关。

(1) 对于单经单纬织物而言,意匠图上的每一横格代表 1 根纬线,每一纵格代表 1 根经线。

(2) 对于重经(重纬)织物而言,每一纵格(横格)代表 2 根或 2 根以上的经线(纬线)。

(3) 在采用多把吊或分造装置时,意匠图上每一纵格代表的经线数为把吊数或分造数。

通过以上的一些说明,我们可以看出意匠图规格的含义也就是织物成品的表里经纬密度之比再乘以 8。以下通过一些具体的实例来向读者说明意匠图规格的选择方法。

例一　某单层纹织物,其装造为单造单把吊,成品经密为 74 根/cm,成品纬密为 32 根/cm ,计算其意匠图规格。

解　意匠图密度比=｛〔织物成品经密/(把吊数×分造数)〕/(织物成品纬密/纬重数)｝×8 =｛〔74/(1×1)〕/(32/1)｝×8=18.5

所以当采取手工意匠时,应选用八之十九的意匠纸。

在 Jcad 中只需将经密 74 根/cm、纬密 32 根/cm 输入小样参数对话框就可以自动生成合适的意匠图。

在此意匠图中,每一纵格代表 1 根经线,每一横格代表 1 根纬线。

例二　某经二重、纬三重的织物,采用双造双把吊织造,成品经密为 124 根/cm,成品纬密为 72 根/cm,计算其意匠图规格。

解　意匠图密度比=｛〔织物成品经密/(把吊数×分造数)〕/(织物成品纬密/纬重数)｝×8 =｛〔124/(2×2)〕/(72/3)｝×8=10.3

所以当采取手工意匠时,应选用八之十的意匠纸。

在 Jcad 中只需将经密 124/(2×2)=31 根/cm、纬密 72/3=24 根/cm 输入小样参数对话框就可以自动生成合适的意匠图。

在此意匠图中,每一纵格代表 4 根经线,每一横格代表 3 根纬线。

例三　某经二重、纬三重的双层织物,采用大小造单把吊装造,其表经与里经之比为 2:1,三种纬线甲纬:乙纬:丙纬=2:1:1,其中的甲纬为表纬,乙纬和丙纬为里纬,其成品经密为 112 根/cm,成品纬密为 78 根/cm,计算其意匠图规格。

解　意匠纸密度比=〔(织物成品表经经密/把吊数)/织物成品表纬纬密〕×8=〔(112×2÷3×1)/(78/2)〕×8=15.3

所以当采取手工意匠时,应选用八之十五的意匠纸。

在 Jcad 中只需将表经密 112×2÷3×1=75 根/cm、纬密 78/2=39 根/cm 输入小样参数对话框就可以自动生成合适的意匠图了。

在此意匠图中,每二纵格代表 3 根经线,其中 2 根为表经纱,1 根为里经纱。每二横格代表 4 根纬线,其中 2 根为甲纬纱(即表纬纱),1 根为乙纬纱,1 根为丙纬纱(共同构成里纬纱)。

通过以上的一些实例,相信读者已经初步掌握了意匠规格的计算方法,在实际设计过程中便可以按此方法计算出意匠纸的规格。

二、意匠图纵横格数的确定(即经纬线数的确定)

我们在意匠图上通常做出的都只是纹样的一个花纹循环,如果是对称的纹样则只需要画出一半就够了,中心自由、左右对称的花纹则只需画出中心自由区以及对称部分的左(或右)半区域就可以了。

1. 意匠图纵格数(即经线数)的确定

意匠图上的纵格数一般与经线数相同,但当织物采用分造装造时,则纵格数等于总纹针数除以造数,当分造有大小时,则纵格数与大造纹针数相同。下面是不同装造意匠纵格数的计算方法:

(1) 单造单把吊:意匠纵格数＝一个花纹循环经线数＝纹针数

(2) 单造多把吊:意匠纵格数＝一个花纹循环经线数/把吊数＝纹针数

(3) 双造及多造:意匠纵格数＝一个花纹循环经线数/造数＝一造纹针数

(4) 大小造:意匠纵格数＝大造纹针数

意匠图纵格数还必须是地组织循环的倍数,若纹样中的花也为左右接回头的话,则纵格数也必须是花组织循环的倍数。

2. 意匠图横格数(即纬线数)的确定

意匠图的横格数是由纹样一个花纹循环的长度、纬密以及纬重数等多种因素决定的。意匠图横格数的计算方法如下:

意匠横格数＝纹样长度×纬密/纬重数＝纹样长度×表纬密

意匠图横格数也必须是地组织循环的倍数,若纹样中的花也为上下接回头的话,则横格数也必须是花组织循环的倍数。此外意匠图横格数还必须是边组织纬线循环的倍数。

在 Jcad 中只需将算出的纵横格数分别填入小样参数中的经纬线数中就可以了。下面举例说明。

例　某纬二重织物,其总内经根数为9600根,全幅5花,采用单造双把吊织造,其地组织和边组织都为平纹组织,甲纬花组织为 5 枚缎纹,乙纬花组织为 20 枚缎纹,纹样长 25cm,成品经密为114 根/cm,成品纬密为 92 根/cm,确定其纵横格数。

解　意匠纵格数＝一个花纹循环经线数/把吊数＝$\frac{9600}{5 \times 2}$＝960(格)

意匠横格数＝纹样长度×纬密/纬重数＝25×92/2＝1150(格)

由于纵格数要和地组织以及表里组织的枚数相配,而 960 可以除尽地组织的枚数 2 以及花组织的枚数 5 和 20,所以最后的纵格数可以取 960。

横格数要和地组织、边组织以及花组织的枚数相配,而 1150 除不尽花组织枚数 20,所以要将横格数修正为 1160,这样它就可以除尽地组织、边组织以及表里组织的枚数了。

在 Jcad 中,只需在小样参数中的经纬线数中分别输入 960 和 1160 就可以生成符合条件的意匠图了。

第二节　意匠图的绘画原理

意匠图的绘画是一项复杂细致的工作,意匠图效果的好坏对最后纹样的效果影响很大,也是一项具有一定艺术性的工作。同时意匠图的绘画和所画织物的组织结构、装造方法、纹样特点有很大的关系,所以在绘画之前必须先充分的了解以上的一些工艺参数,这样才能够很好的进行最后的意匠画法。

意匠图的绘画主要有以下一些步骤:

一、纹样的放大与缩小

由于所画的意匠图的面积较纹样的面积要大,所以在将画好的纹样移至意匠纸上时,应将纹样先适度的放大。为了保证在纹样放大的过程中不会导致纹样的变形,在将纹样放大之前,应该认真的观察和分析原纹样的风格特点,了解图案的技巧、色彩、层次以及它们之间的关系。

在 Jcad 中,只需将织物的经纬密、纵横格数输入小样参数中就可以自动生成意匠文件了,此意匠文件的大小可以由计算机来自动控制,可以随时放大、缩小意匠图的大小,大大方便了意匠图的绘画。当将纹样全部画好之后还应该利用四方接回头功能来检查纹样是否四方连续,如果四方不连续,则要将纹样修改为四方连续的纹样。

二、纹样的勾边

所谓的勾边就是将织物的花纹轮廓修改圆滑。

如果是手工勾边的话,就是用笔将意匠图中花纹的轮廓边缘部分占据了半格以上的小方格用彩笔涂绘为满格,不足半格的则去除。

在 Jcad 中勾边这一工作是由计算机自动完成的,只需将勾边的要求输入计算机,计算机就会根据设定而自动完成勾边的工作,大大减轻了设计人员的工作强度。

另外在勾边时不仅要考虑花纹曲线的圆滑,还要考虑织物的地组织以及装造条件的因素。所以在勾边时一定要满足一些条件,对勾边进行一些修正。

一般可以将勾边分为自由勾边、平纹勾边以及变化勾边三大类,下面依次对其进行详细的说明。

1. 自由勾边

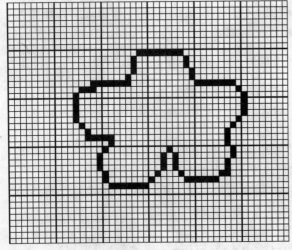

所谓自由勾边就是对织物花纹的轮廓线没有任何的要求,只需将织物花纹的轮廓线修改圆滑就可以了,这种勾边方式主要适用于地组织为缎纹、斜纹或其它的变化组织以及织物的装造没有使用跨把吊的织物的勾边,图 3-1 即为自由勾边图。

2. 平纹勾边

如果织物的地组织为平纹,勾边则需要与平纹相配,这样做是为了避免花纹的轮廓线由于和平纹组织相结而导致花纹变形。对于一般的平纹底组织的织物来说,其底部的平纹一般都是单起平纹,所以以

图 3-1　自由勾边

下也都是以单起平纹来进行说明的。

平纹勾边由于花组织的不同又分为单起平纹勾边和双起平纹勾边两种。

（1）单起平纹勾边

当织物在平纹地上起的是经浮长占优的经花时,就要使用单起平纹勾边来勾边。所谓单起平纹勾边就是指勾边的起始点一定是位于奇数纵格和奇数横格（或偶数纵格和偶数横格）相交的意匠格中,也就是俗称的逢单点单或逢双点双。单起平纹勾边的方法就是在确定了花纹轮廓的起始点之后,此后的勾边的纵横向的过渡均为奇数（也就是勾边的落点一定在奇数纵格和奇数横格或偶数纵格和偶数横格相交的意匠格）,这样的话,就能使花纹轮廓的经浮长与地组织的纬浮点相交,从而避免了由于花纹的经浮长与地组织的经浮点相交而造成长的经浮长,也就避免了由于经浮长的延伸而造成花纹轮廓的变形。图 3-2 中的（1）就是正确的单起平纹勾边,（2）为不正确的勾边。

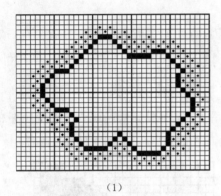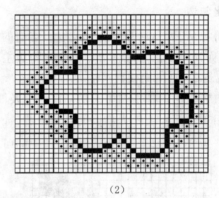

（1）　　　　　　　　　　　　　　　　　　（2）

图 3-2　单起平纹勾边

（2）双起平纹勾边

当织物在平纹地上起的是纬浮长占优的纬花时,就要使用双起平纹勾边来勾边。所谓双起平纹勾边就是指勾边的起始点一定是位于奇数纵格和偶数横格（或偶数纵格和奇数横格）相交的意匠格中,也就是俗称的逢单点双或逢双点单。双起平纹勾边的方法就是在确定了花纹轮廓的起始点之后,此后的勾边的纵横向的过渡均为奇数,这样的话,就能使花纹轮廓的纬浮长与地组织的经浮点相交,从而避免了由于花纹的纬浮长与地组织的纬浮点相交而造成长的纬浮长,也就避免了由于纬浮长的延伸而造成花纹轮廓的变形。图 3-3 中的（1）就是正确的双起平纹勾边,（2）为不正确的勾边。

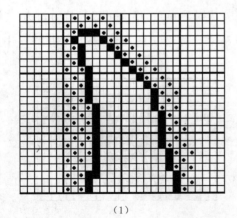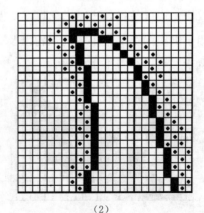

（1）　　　　　　　　　　　　　　　　　　（2）

图 3-3　双起平纹勾边

平纹勾边时,需注意以下的一些问题:

①单起平纹勾边适用于平纹地上起经花(正织)以及平纹地上起纬花(反织)的织物。双起平纹勾边适用于平纹地上起纬花(正织)以及平纹地上起经花(反织)的织物。

②对于底组织为平纹的织物来说,单层织物的经、纬花均需要勾边。若为重纬织物,当纬花与平纹为同一组纬线时,需平纹勾边;当纬花与平纹为不同组纬线时,自由勾边即可。若为重经织物,当经花与平纹为同一组经线时,需平纹勾边;当经花与平纹为不同组经线时,自由勾边即可。双层织物的勾边方法与重经重纬织物类似。

③当地组织不是平纹组织,而花组织是平纹组织时,一般用单起平纹勾边的方法。平纹花采用平纹勾边时,与其相邻的花纹也采用平纹勾边。

3. 变化勾边

由于跨把吊、大小造等装造以及组织结构的原因,意匠勾边时其纵横格数就会有一定的要求,我们统称其为变化勾边。常用的变化勾边主要有以下几种。

(1) 双针勾边(横向偶数过渡)

所谓双针勾边就是指勾边时横向以 1、2 及 3、4 为过渡单位,纵向可以为自由勾边。这种勾边方法适用于以两根纹针为单位的跨穿织物(如花塔夫、双面缎等),组织为 2/2 纬重平的织物以及大小造为 2:1 的花纹勾边。图 3-4 中的(1)为正确的双针勾边,(2)为不正确的。

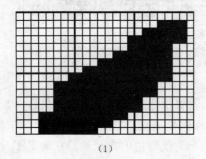 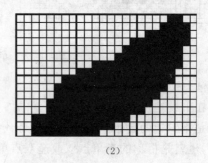

(1)   (2)

图 3-4 双针勾边

双针勾边除了有以 1、2 及 3、4 为过渡单位的方法之外,还有以 2、3 及 1、4 为过渡单位的勾边方法,这种方法一般适用于某些纬重平、方平组织。

(2) 双梭勾边(纵向偶数过渡)

所谓双梭勾边就是指勾边时纵向以 1、2 及 3、4 为过渡单位,横向可以为自由勾边。这种勾边方法适用于组织为 2/2 经重平的织物以及表里纬之比为 2:1 的花纹勾边。图 3-5 中的(1)为正确的双梭勾边,(2)为不正确的。

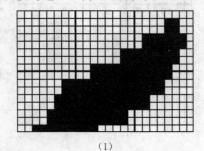 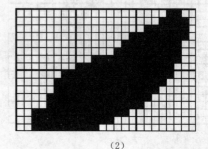

(1)   (2)

图 3-5 双梭勾边

双梭勾边除了有以 1、2 及 3、4 为过渡单位的方法之外,还有以 2、3 及 1、4 为过渡单位的勾边方法,这种方法一般适用于某些经重平、方平组织。

（3）双针双梭勾边

即纵横向的勾边均为偶数过渡的勾边方法,适用于重平组织。

（4）多针多梭勾边

即纵横向的勾边均为多针多梭的过渡的勾边方法,适用于表里经（纬）之比≥3 的透孔组织、纱罗组织的勾边。

三、设色与平涂

1. 设色

在绘制意匠图时,不同的组织用不同的颜色来表示,所以意匠图上的颜色代表的是不同的组织,而并不代表不同的"颜色"。在勾边前将各种花纹的颜色先规划好,称之为设色。

2. 平涂

对意匠图中的花样进行勾边之后,必须将花纹轮廓所包围的部分用与勾边相同的颜色涂满,这就称为平涂。

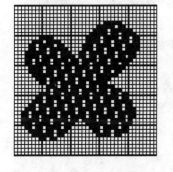

图 3 - 6　平切间丝

四、点间丝

在平涂的花纹块面上加上组织点,以此来限制过长的经浮线或纬浮线,这就称之为点间丝。其中经浮线上的间丝点叫做纬间丝,纬浮线上的间丝点叫做经间丝。间丝点除了限制织物的浮长之外,还起着增强织物牢度,提高花纹明暗效果的作用。一般来说,花纹的丝线浮长长,花纹就平整光亮;丝线浮长短,花纹就暗。

根据间丝的方式不同,一般将间丝分为平切、活切、花切三种,以下一一详细说明。

1. 平切间丝（板间丝）

即采用缎纹、斜纹等有规律的组织作为间丝组织,称为平切间丝。平切间丝对经纬浮长都有限制作用。平切间丝主要用于单层、重经及双层织物中,如图 3 - 6。

2. 活切间丝（自由间丝或顺势间丝）

依顺花叶脉络或动物的形态点间丝的方法就叫做活切间丝。活切间丝既切断了长浮线,也体现了花纹、动物形态。此类间丝方法主要适用于重纬纹织物,图 3 - 7 即为一活切间丝,既切断了纬浮长,也体现了花纹形态。

图 3 - 7　活切间丝

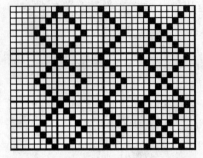

图 3 - 8　花切间丝

3. 花切间丝(花式间丝)

花切间丝就是根据花纹的形状、块面大小等情况,将间丝设计成各种曲线或几何图形。这样除了能起到截断浮长的作用,还能够使花纹形态变化多样。花切间丝常以人字斜纹、菱形斜纹、曲线斜纹等斜纹变化组织为基础。

在点间丝时,我们应该注意以下一些问题:

(1) 单层织物的间丝应该纵横兼顾,经纬浮长都要考虑。重经织物中的经花点间丝时只需考虑经浮长。重纬织物中的纬花点间丝时只需考虑纬浮长。

(2) 当所织织物为里组织为平纹的重经或重纬织物时,在点间丝时要配合平纹组织,以防止平纹露底。一般来说经间丝点应该逢单点单或逢双点双;纬间丝点应该逢单点双或逢双点单。

(3) 自由间丝和花切间丝在意匠图中要全部点出,平切间丝可以省略,在纹板轧法中说明即可。当间丝点是需要与棒刀相配合时,那么间丝点需要全部点出。如果棒刀组织是由棒刀或伏综织造形成的,在意匠图上不用点出。

(4) 花纹轮廓边缘的间丝点是不用点的,俗称抛边,抛边一般为 1~3 格。

最大间丝长度的计算方法:织物的经纬浮长与花纹光泽、织物牢度等有关,在绘画间丝时必须两者兼顾。在织物中,经纬线的浮长一般最大不会超过 3mm。可以根据织物的经纬密度、组织结构以及装造情况等将最大经纬浮长换算为间丝点在意匠图上相距的最大纵横格数,计算方法如下:

(1) 间丝点最大纵格数＝最大纬浮长×[成品经密/(把吊数×造数)]

(2) 间丝点最大横格数＝最大经浮长×(成品纬密/纬重数)

五、点地组织时注意事项

在意匠图上点地组织时,应注意以下一些问题:

(1) 当地组织循环 $R \leqslant 16$,且为 16 的约数时,意匠图上的组织点可以省略不点,只需在纹板轧法中说明即可。

(2) 当地组织是由棒刀、伏综、前综等辅助装置织造时,在意匠图中不用点出,只需在辅助纹板轧法说明中指出就可以了。

(3) 对于 $R > 16$ 的复杂地以及泥地等变化组织,应该在意匠图中将地组织全部点出。

六、意匠图绘画注意事项

纹织物的种类很多,在意匠绘画前必须充分的了解织物的组织结构、装造方法以及纹样特点等,这样才能正确的画出纹样的意匠。在纹样意匠的绘画中应该注意以下的一些问题:

(1) 意匠绘画前必须确定织物是正织还是反织,一般来说如果织物的正面以经组织点为主的话,则织物应该反织,如果织物的正面以纬组织点为主,则应正织。织物的正织与反织和织物的勾边以及间丝有很大的关系。

(2) 手工意匠时,由于计算意匠纸密度比时采用了四舍五入的方法,有可能会产生花纹的变形,严重时需要修改。如果是使用 Jcad 则不会产生变形。

（3）意匠图绘画好后要检查花纹的上下、左右接回头，以免造成花纹破碎。Jcad 中有自动接回头的功能。

第三节　纹板制作

纹板轧孔又叫做轧花，也就是根据意匠图以及织物的花、地组织，还有辅助针的升降规律，在纹板上轧孔的一项工作。提花机中的纹针是否提升就是根据纹板中有孔无孔来确定的。当纹板上有孔时，其对应的纹针就提升（即经纱提升）；当纹板上无孔时，其对应的纹针就不提升（即经纱不提升）。每转换一张纹板就形成一次梭口，即投入一根纬纱。纹板的轧孔是在专门的轧孔机上进行的。

纹板轧孔机有手工轧孔机以及自动纹板轧孔机之分，目前我国普遍使用的纹板轧孔机是自动纹板轧孔机。

老式的手工纹板轧孔机是由操作者根据意匠图上经浮点用手直接在纹板上轧孔。这种轧孔方式现在已经基本上被淘汰了，取而代之的是自动纹板冲孔机。

自动纹板冲孔机就是将在 Jcad 中处理好的后缀名为 WB 的纹板文件输入自动纹板冲孔机的电脑之中，然后运行一个纹板冲孔的执行程序，将处理好的纹板文件在冲孔机上自动的冲出纸板。

自动纹板轧孔机主要是由冲孔控制电脑以及机械冲孔机构成的。其中的电脑部分是控制部分，而机械部分则是接受到电脑的信号之后，根据信号在纸板上冲出孔来。

关于冲孔机的详细工作原理以及其它一些事项在后章的纹板冲孔章节中有详细的介绍。

第四章　纹织 CAD 概述

第一节　纹织 CAD 发展

计算机技术发明之前的提花织物设计工艺主要是通过工艺技术人员的手工完成的。手工操作有生产效率低下、工艺人员劳动强度大、工艺过程复杂等缺点。在生活节奏日益加快的今天已经不能满足市场发展的需要。纹织 CAD(Computer Aided Design)系统便在这样的背景条件下应运而生。

纹织 CAD 系统自 20 世纪 90 年代初在国内全面使用推广以来,取得了很好的经济效益和社会效益。近几年来由于信息技术、机电一体化技术的迅速发展,人们在纹织 CAD 系统的基础上研制和生产出电子提花机,给纹织 CAD 赋予了向 CAM(Computer Aided Manufacture)技术领域发展的新内容,形成纹织 CAD/CAM 系统的集成化。

最早的纹织 CAD 是由国外的一些科研机构和公司开发的,其中比较有代表性的有美国 Viable System 公司的系统、德国 Grosse 公司的 Jac 系统、英国 Bonas 公司(也是著名的电子龙头生产企业)的 Cap 系统、日本 JUN 公司的 4D－B0X、香港宏图的纹织 CAD 系统以及台湾的皓上等。国内的纹织 CAD 最初是由一些科研机构完成的,本书便是以现浙江大学经纬自动化工程公司的 JCAD 为对象进行的讲解。

利用纹织 CAD 的图像输入、图像编辑及工艺处理等功能我们可以进行提花织物的品种设计及改进。纹织 CAD 主要具有以下几方面的优点:

(1)用纹织 CAD 进行绘画、工艺的操作可大大的提高工作效率,以前手工十几天才能完成的工作现在只需一两天就可以完成了,更加适应目前国际市场上对大提花织物小批量,多花型的市场需求。

(2)对复杂花型的设计更方便,能设计以前用手工方法很难或无法完成的一些花型。

(3)可以节约以前用手工设计所必须的开支,降低生产成本。如果配以电子提花龙头的话则更可以省去提花纸板的开销,并大大缩短花样的试样周期。

总之纹织 CAD 在提花纹织物的设计织造过程中已经发挥着举足轻重的作用,现在的企业、工厂基本上已经全部采用了纹织 CAD 设计系统。

纹织 CAD 系统的研究和发展进程完全是模仿人工操作的过程而进行的,其主要功能集中在工艺处理方面。目前,在工艺处理方面基本达到全自动化的水平,而在图案的智能化创作等方面,则显得比较薄弱,仅仅是一种简单的图形编辑修改功能和一些特殊工艺素材的自动生成功能。随着计算机图形学、计算机网络技术、CAD/CAM 技术、现代纺织工艺的不断发展,纹织 CAD/CAM 系统也需要融入新的技术、增加新的功能。

图形交互功能的改进:目前在某些软件中,伴随光标而随时随地弹出的操作模式已经越来越多。随着光标的移动,动态导引器自动拾取、理解使用者的设计意图,记忆常用的步骤,并提示使用者下一步可能要做的工作。这是软件智能化的一个很好的应用范例。

发展功能高度集成化的纹织 CAD 系统：纹织 CAD 可以与印花 CAD 系统等相互交换设计内容，相互吸收彼此的设计风格，有利于企业的选用，充分发挥计算机辅助设计系统高效多能的特点。纹织 CAD 系统也可以与服装设计 CAD 系统相结合，模拟织物的穿着效果；纹织 CAD 系统还可以与室内设计 CAD 系统相结合，模拟织物的装饰效果等。

第二节　纹织 CAD 系统功能

本节我们就以 Jcad 为例就纹织 CAD 的系统功能进行一些简单的说明。

一、纹织 CAD 工作界面

1. 启动提花织物 CAD 工作界面

图 4-1　Jcad 图标

浙大经纬的纹织 CAD 应用程序的默认安装路径是在当前操作系统所在盘的 Program Files 文件夹下的。如当前的操作系统为 C 盘下的 windows2000，则当前纹织 CAD 所在具体路径为 C:→Program Files→浙大经纬→Jcad→Jcad.exe。另外在桌面及快速启动栏内也有 Jcad 的快捷启动。Jcad 中所包含的一些常见组织则在 wav 文件夹中（其中 sa 中为平纹及平纹变化组织，sb 中为常见斜纹及斜纹变化组织，sc 中为常见缎纹及缎纹变化组织，还有使用者自己建立的组织库也在其中）。Jcad 图标如图 4-1 所示。

2. 纹织 CAD 的用户界面

在 Windows2000 操作系统下打开 Jcad 后的用户界面如图 4-2 所示。下面将就 Jcad 的具体应用进行详细说明。

（1）标题栏

图 4-2　Jcad 用户界面

标题栏将显示当前文件所在的具体路径及文件名，还有该文件具体的经纬线数，使使用者对当前文件的类型和文件大小有一个初步的了解。

（2）菜单

Jcad 菜单和别的一些应用软件的菜单有相通之处。主要是对文件进行一些简单的操作。下面对其进行具体说明。

① 文件

ⓐ 新建：打开新建出现如图 4-3 所示对话框，在其中输入所设计纹样的经线数和纬线数，生成一个新的 xy 文件，对于一些不需要进行扫描的图样可用。

ⓑ 打开：使用该功能打开已存在的某个文件。

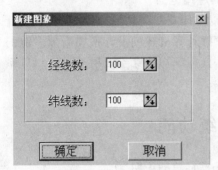

图 4 - 3   新建信息框

文件。

图 4 - 4   选项对话框

ⓒ 打开浏览:浏览选定文件夹中的指定文件类型的缩略图,可在其中选择自己想要进行编辑的文件打开。

ⓓ 引入图像文件:将已知文件类型的图像文件引入Jcad。

可引入后缀名为 XY、BMP、TIF、TIFF、YJ、JPG、JPEG、EMF、WMF、ICO、IMG 等多种格式的图像文件。

ⓔ 引入组织文件:将指定的组织引入指定的组织库文件夹。

ⓕ 保存:将新文件存入指定的文件夹。

ⓖ 另存为:将当前文件另存为其他名字或类型的文件。

ⓗ 选项:如图 4 - 4 所示,是为了适应织造及使用者的需要加入的一些特殊功能。使用 JC5分区是为了适应 Stoubi 电子龙头的特殊文件格式需要而设立的选项,其中的 EP 控制针区长度内用户应根据龙头具体情况输入具体的控制针区针数。非标准 EP 是因为一些龙头生产厂家对输入自己龙头的 EP 文件格式进行了一些特殊的设定(一般的 EP 文件都是以 BONAS 公司的 EP文件格式为标准的),所以在最后的 EP 文件生成时需将非标准 EP 这一选项选中。Bonas Eprom纹板文件(EPR)左右翻转显示即是将最后生成的 EPR 文件左右翻转后显示。纹板文件黑白显示是应一些用户的需要将最后生成的纹板文件只用黑白两种颜色显示。用户若选中了自动打开上一次文件则在用户打开 Jcad 时软件会自动打开上次最后运行的文件。在调色板中用户可打开自己设定的调色板。另外用户还可以自己选择 Jcad 的当前组织库。

在文件菜单的最下端是最近打开过的几个文件,用户可以在这里快速的打开最近编辑过的文件。

② 编辑

ⓐ 恢复:将前面做的一些错误的工作取消,回到做错之前的状态,Jcad 可以无限步的恢复。

ⓑ 重做:撤消恢复的步骤,即为恢复的反动作。

ⓒ 剪切:将当前选定范围的图形移入另一位置或花型。

ⓓ 粘贴:在指定位置放入粘贴板中的图形。

ⓔ 清除边界:将选定范围之外的颜色换为当前色。

ⓕ 编辑部分图像:如果图像太大,可将图像分为几部分进行修改,主要用于大图像的绘图。

③ 图像

ⓐ 叠加图像:在当前图像上叠加另一幅图像,叠加时可设定保护色和透明色。

ⓑ 图像笔:将剪贴板或文件中的图形平铺入当前图像的某种颜色中,先选取剪贴板中或文件中的图形,然后在需要铺入该图形的颜色上单击鼠标右键。也可用存入文件功能将当前文件

存为 BMP 文件格式的图像文件。

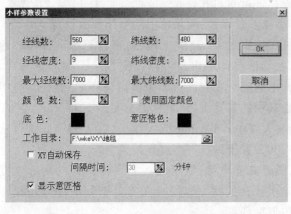

图 4-5　小样参数设置对话框

ⓒ 小样参数设置：如图 4-5 所示，可在其中对纹样的一些具体工艺参数进行设置。经线数、纬线数分别表示当前纹样的一个花回所用经纬线数，它们是根据花样的经纬密、一个花回的宽和高、织机和龙头的具体参数来设定的。经线密度和纬线密度中输入当前纹样的经纬密，经纬密度之比即为该小样的意匠之比。最大经线数和最大纬线数为 Jcad 软件能设计的花样的最大经纬线值，目前的经线最大值可达 13000 根以上，纬线最大值可达 30000 根以上，一般采用软件的默认值既可。颜色数所显示为当前图样所用的最后一号颜色为几号色。若使用者选择使用固定颜色则用户对色带中的颜色所做的调整不会被计算机所保存。底色就是图样之外的 0 号色，在图样中一般不使用 0 号色。意匠格色为图样意匠格的颜色，用户可左键点击底色或意匠格色改变它们的颜色。用户可在工作目录中选择 Jcad 的工作目录，在今后每次打开 Jcad 文件时都会第一时间进入设定目录。用户若使用 XY 自动保存，则可在间隔时间中输入每隔多久系统自动保存一次 XY 小样文件。显示意匠格选项让用户自己选择是否显示意匠格，一般情况下是需要显示意匠格的，但在看纹样的整体效果时可以选择不显示意匠格。

ⓓ 旋转图像：可对图像进行正反 90°及任意角度的旋转。

ⓔ 图像信息：显示当前图样中各种颜色在其中所占的具体比例。

④ 视图：可放大缩小显示当前图像

⑤ 帮助：显示有关软件及软件所有单位的一些信息

（3）标准工具栏

标准工具栏中是在软件的应用过程中经常会用到的一些功能，可以方便我们的操作。

□ 新建文件：同菜单中的新建。

🖙 打开文件：同菜单中的打开，点击右边的小三角可以显示最近几次打开的文件，用户可以选择它们打开。

图 4-6　选定光标

🖫 保存文件：同菜单中的保存。

✂ 裁剪：用户可将多余的经纬线使用该功能裁剪掉，软件会将小样参数中的经纬线值自动修改为裁剪后的值。

🖺 粘贴：同菜单中的粘贴。

⊞ 显示意匠格：同小样参数设置中的显示意匠格。

🖺 打印预览：在打印之前可对小样进行预览，并进行一些打印相关参数的设置。

▤ 全屏显示：选择全屏显示之后，在软件中将隐去标题栏和标准工具栏，使图样的可视面积增大，方便用户对图形进行修改与编辑。

✛ 选定光标：如图 4-6 所示，可以选择不显示光标，也可以选择显示光标，如果想自己确定十字光标的大小，那么选择显示小十字光标，同时在光标大小中输

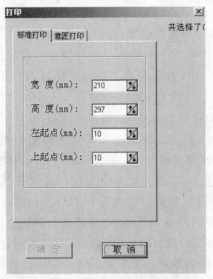

图 4-7　标准打印

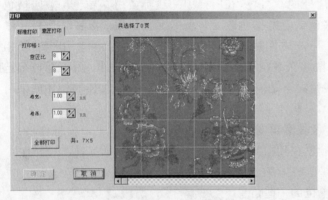

图 4-8　意匠打印

图 4-9　色带对话框

入光标的大小既可,在确定一些点之间的相对位置时可显示十字光标进行对比和校正。

　　小样参数设置:同菜单中的小样参数设置。

　　打印:如图 4-7、4-8 所示,可进行标准打印和意匠打印,在标准打印中用户可以设定打印图案的宽和高,左起点和上起点。在意匠打印中设定图样的意匠比,打印全部还是其中的某几页,还可预览图案。

　　放大缩小:同菜单中放大缩小,放大缩小比例可从 10%~1000%若干种。

　　局部恢复原状:使用该功能可将图样的局部恢复到最近一次保存的状态。用户在需要恢复的部分用鼠标拉一个矩形框即可。

　　恢复、重做:同菜单中的恢复、重做。

　　(4) 当前组织图

　　显示用户当前选定或生成的组织。

　　(5) 色带

　　用户绘画时能够选用的颜色,可达 128 种。鼠标右键在任一种颜色上点击,出现图 4-9 所示对话框,用户可设定保护色等。当某号颜色被设为保护色之后,在以后的操作中它便不会再被其它颜色覆盖或替代。如果某号颜色被设为透明色,则在随后的操作中该号颜色将不再起作用,相当于被透明掉了。若某色被选为保护色,则在该色号框左上方有一圆圈,若被选为透明色,则在该色号框左下方有一圆圈。选定保护前 32 色后,1~32 号色均被保护。保护除此之外所有颜色或透明除此之外所有颜色就是将选定颜色之外的所有颜色设为保护色或透明色。在选定了 2 个以上的色号为保护色或透明色之后可以选定消除所有保护色或消除所有透明色来取消已设定的保护色或透明色。选取调色板后出现 4-10 所示对话框,可以将调色板中的颜色设定为自己想要的色彩,然后保存这个调色板,以便于今后在绘图的过程中能够调用自己喜欢的调色板。调色板文件的后缀名为 PAL。

　　(6) 当前操作信息栏

　　当前坐标内显示的为当前鼠标所在位置的经向坐标和纬向坐标。当前色内为当前鼠标所在位置的颜色为几号色。紧随其后的为当前正处于何种操作状态的提示,其中还会有一些简单的操作提示。在笔宽与笔高中可以设定画笔的宽与高。实心与空心选项针对的是画圆或画矩形时要画实心圆或实心矩形还是空心圆或空心矩形,对于拷贝功能来说,实心相当于拷贝,空心则相当于剪切。缩放倍率将显示当前

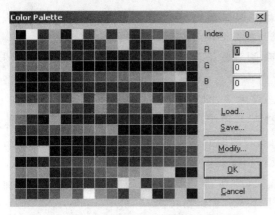

图 4 - 10　调色板

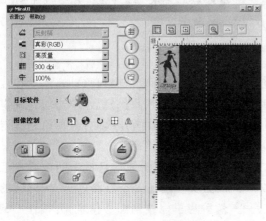

图 4 - 11　初描

图像的缩放率为多少,使用者也可以自己直接选择缩放倍率。

(7) 滚动条

用户可拖动滚动条对图像进行编辑与处理。

(8) Jcad 具体操作栏

这其中分为扫描、绘图、工艺、特殊和其它五个选项,下面逐一对其进行具体说明。

① 扫描:共有 8 个子菜单。

ⓐ 选择(xz):选择扫描仪型号(此步操作一般不执行,因为一台电脑一般只配置一台扫描仪)。

ⓑ 初描(sm):如图 4 - 11 所示。

a. 按预览,立等片刻,图像进入预览窗口。

b. 拉动图像范围选择框框定扫描图像的范围。

＋光标:光标在选择框外呈＋用来重定图像范围的起点和终点。

↑、↓、←、→光标:光标放在选择框外的四个边框上,可用来拉动边框的大小。

十光标:光标放在选择框里,呈十,这时可移动范围框的位置。

在扫描尺寸里可以直接输入图像的宽和高,此时选择框的大小即为图像的尺寸,然后可用十光标移动选择框至图像。

c. 分辨率为每英寸有多少个点。分辨率越高,扫出的图像尺寸越大,图像也相对清晰一些。在扫描织物时,分辨率是根据织物密度来确定的。分辨率 $X=$ 经密 $\times 2.54$;$Y=$ 纬密 $\times 2.54$,这样扫描出的图案跟实际的经纬线数相差不多。当织物经纬密太小时可以将经纬向同时扩大 2～3 倍的分辨率来使织物扫描出来更清晰。

d. 按扫描:对所定的范围按所定分辨率进行精确扫描,并在图像窗口显示扫描的图像。

ⓒ (ss)选色:选色分为手动取色、自动取色和影光取色。

手动取色:确定后左键按一下色带中的 1 号色,再把光标移至画面中取对应的 1 号色是哪个(一般为底色),然后按左键在色样上点一下或拉出矩形框取色样,以此方法取画面中所要的 2、3、4、5、6 等色。商标等色差大的织物一般用手动取色。

自动取色:在如图 4 - 12 中输入起始色号和颜色数,按 OK 后电脑即会自动进行分色。当中的参数一般不要改动。

影光分色:输入起始色号、颜色数和在哪两个颜色之间分色后 OK 即可。

ⓓ 分色(fs):按分色看色彩归并效果,若满意,直接进入小样参数设置功能;若所取色样不满意,则按返回键或清空键,并重新选色,再分色,直到满意为止。若某两色之间要分成几个过度色,则激活影光正确色,并输入参数,然后确定。

ⓔ 返回(fh):按返回后,图像回到分色之前的状态,然后重新选色。

图 4 - 12　选色

ⓕ ▨ 清除已选色(jk)：当小样已分成的色数比实际要分成的色数多时,必须选清除已选色。

ⓖ ▣ 倾斜较正：将扫描时不正的图像校正,以图案的右上角为起点(软件自动确定好了的),左键定终点,然后右键确定,图案将以这个角度校正。

ⓗ ▣ 扫描拼接：扫描拼接是为了将分开扫描存放的一幅图像的两部分拼成一幅完整的图像,并自动对图像进行校斜和截去多余部分。

a. 先执行"其它"里的拼接功能,使两幅图像分别当作左半部分和右半部分加以拼接或上半部分和下半部分加以拼接。

b. 用左键在两幅图的相同点处拉两条直线,拉完校斜的直线后,自动进行校斜拼接。

② 绘图：共有 14 个子菜单

ⓐ ▨ 画点：按左键画图或修改图形,画图时可在色带上取色或在图形中用右键取色。可在笔宽与笔高中设定画笔的粗细。

ⓑ ＼ 画直线：鼠标左键定起点,然后移至终点,左键定终点即生成一条直线,其中按住 shift 画水平线、垂直线或 45°、135°斜线。粗细也可自己在笔宽、笔高中设定。

ⓒ ╲ 画曲线：

a. 色带中选色。

b. 左键定起点,拖动,再用左键定终点(此时光标只能在图形的有效范围内移动),然后按住左键在两点之间拖动,使直线变成曲线,曲线的形状可随拖动改变,当用户满意后,单击右键确定该曲线(此时鼠标不能移动,若只是画单一曲线,则再单击右键)。若要画连续曲线,再用左键定起点和终点,拖动,按右键确定另一段曲线,直到画完所有曲线后按右键确定。

ⓓ ○ 画圆：按住左键拖动至所需大小,放开左键即生成,在当前图像信息栏中间位置显示圆的横向直径和纵向直径。在实心空心中可以切换所画圆为实心圆还是空心圆(空心圆时圆的边框粗细由笔宽和笔高确定)。还可以先确定一个圆心,然后将鼠标放到圆心位置,先按住 Ctrl 键,然后按住左键拖动至所需大小,放开后生成一个圆,重复上述步骤,可画出大小不等的若干同心圆。

ⓔ □ 画矩形：操作同画圆。

ⓕ Ｈ 换色：

a. 左键在色带中取新的颜色。

b. 定范围：按住左键定起点,拖动至所需大小,放开左键确定;若右键单击 Ｈ 则定为全范围换色。

c. 在需换掉的颜色上先单击左键,再单击右键确定(若需将几种颜色同时换为某种颜色则分别在几种颜色上单击左键后再单击右键确定即可)。

ⓖ ∽ 画多边形：在色带中选色,连续按左键定多边形的轮廓,最后按右键确定该多边形(会自动封口)。也有实心和空心多边形之分,空心多边形边框粗细由笔宽和笔高确定。

ⓗ ﹅ 连续区域填色：先选色,在需被填的区域内按左键即可。若填充色被选为保护色则在填充区域内相连的颜色都被填掉。

ⓘ ▩ 矩形拷贝：

a. 左键定所需拷贝范围的起点,拖动至所需终点,放开左键即确定范围(定范围时若按住

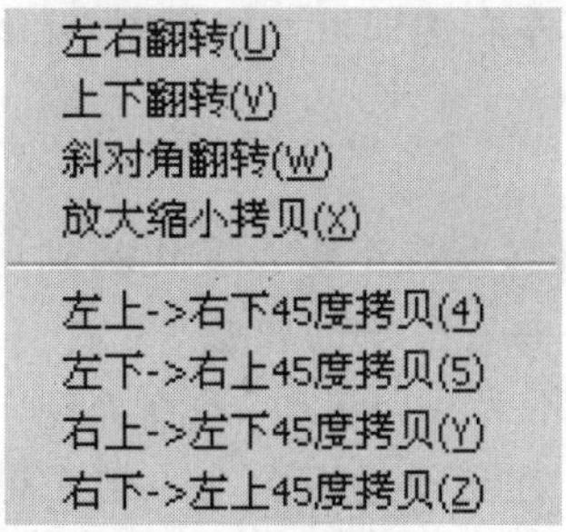

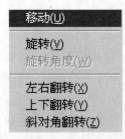

图 4 - 13　矩形拷贝

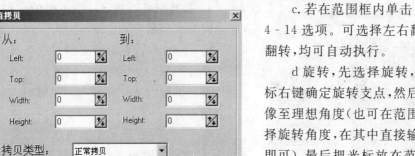

图 4 - 14　多边形拷贝

图 4 - 15　数字拷贝

shift 键则所定范围为正方形。若右键点击 🔲 则定为全范围)。

b. 将光标放在范围框内,按住左键拖动拷贝范围至所需位置,若在拖动同时按住 shift 键,拖动再放开,再拖动再放开,可重复多个拷贝(当信息栏为实心时表示拷贝,空心时表示剪切)。确定拷贝范围后可用键盘上的上下左右键进行上下左右的连续拷贝。

c. 若在范围框内单击鼠标右键,则出现如图 4 - 13 选项。可以选择左右、上下、斜对角翻转,电脑会自动执行(若还想移动位置,可按住左键将拷贝范围拖动至所需位置),最后把光标移到范围框的外面单击左键即可确定。选择放大缩小拷贝后,按住左键在需要拷贝的位置拉一矩形框,然后放开左键即可。若要进行 45° 角的拷贝则所定范围必须为正方形。

ⓙ 🔲 多边形拷贝

a. 连续按左键确定所需拷贝的多边形的范围,按右键确定(多边形会自动封口)。

b. 将光标放在范围框内,按住左键拖动拷贝范围至所需位置,若在拖动同时按住 shift 键,拖动再放开,再拖动再放开,可重复多个拷贝(当信息栏为实心时表示拷贝,空心时为剪切)。

c. 若在范围框内单击鼠标右键,则出现如图 4 - 14 选项。可选择左右翻转、上下翻转、斜对角翻转,均可自动执行。

d 旋转,先选择旋转,再在范围框内点击鼠标右键确定旋转支点,然后按住鼠标左键旋转图像至理想角度(也可在范围框内双击鼠标右键选择旋转角度,在其中直接输入所需要的旋转角度即可),最后把光标放在范围框外单击鼠标左键即可确定。

ⓚ 🔲 数字拷贝:如图 4 - 15 所示,在左列输入需拷贝范围的起点以及宽和高。右列为将要拷贝到的位置的起点以及宽和高(其中 Left 和 Top 为左上角的坐标,Width 和 Height 分别为图形的宽和高)。

a. 若选选择,则图表消失,然后按住鼠标左键拉出所需数字拷贝的范围松开鼠标后又出现图表,此时图表左边一列的参数已根据用户所拉矩形自动给出,用户再在右边输入相应的参数即可。

b. 若选择全选,则电脑自动在左边输入全图的参数,用户再在右列输入相应的参数即可。

c. 用户可在拷贝类型中选择正常拷贝、左右对换拷贝、上下对换拷贝、斜对角互换拷贝。

ⓛ 🔲 组合:如图 4 - 16 在偶经花样与奇经花样中分别输入偶、奇经花样(奇经为 1、3、5、7…经线,偶经为 2、4、6、8…经线),按 OK 后两图按奇偶经叠加。

ⓜ 🔲 平行四边形拷贝:左键确定平行四边形的

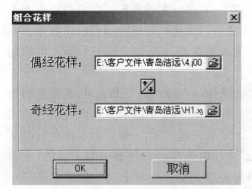

图 4 - 16　组合花样

两个边,然后单击右键,该平行四边形会自动封口,按住键盘上的上下左右键即可连续复制,shift 键可控制复制模式。

③ 工艺:共有 16 个子菜单

图 4 - 17　生成组合

ⓐ █ 生成组织:如图 4 - 17,可以生成一些基础组织及变化基础组织,并将这些组织保存在组织库中。在其中输入组织的枚数、飞数、点数、起点之后按 OK 即可生成想要的组织(水平为纬向飞数,垂直为经向飞数),可在当前组织图中看到生成的组织。在当前组织图上单击右键可以选择保存当前组织(图 4 - 18),可以在左上角选择要保存在哪个组织库中,也可以自己新建组织库。右上角的框中可以输入组织的具体名字(可以用枚数-飞数-起点的方式起名,便于记忆,也可起任意的名字)。

ⓑ ▨ 保存组织:将自己做的一些不规则组织保存入组织库供随时调用。先在小样中画出组织来(最后保存之前只能有两种颜色,一种表示经组织点,一种表示纬组织点),然后将当前色选为经组织点的颜色,左键把需要保存的组织拉一个循环松开即出现保存组织对话框,后面操作同生成组织中的保存组织。

ⓒ ▚ 铺组织:将生成或选定的组织铺入画好的小样中图(4 - 19)。

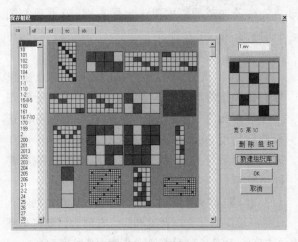

图 4 - 18　保存组织

a. 在其中可以选定铺组织时的起点(算起点时左上角的第一个点是记为 1 起点的)。

b. 纬向留边:表示铺组织时在纬线方向留下几针不铺组织,如留 3,则铺组织时所铺色号纬向的边上 3 针就算应该有组织点的也不会铺进去。

c. 纬浮长:它表示在铺组织时纬向长度小于该设定值的地方将不会被铺入组织点,通过它用户可以自己控制交织点的多少,它的值越大,交织点就越少。

d. 经向留边、经浮长同纬向留边、纬浮长的意义是相同的。

铺组织时先在色带中选择一种没用过的颜色,然后选择需要铺入的组织,鼠标左键在要铺组织的颜色上单击即可铺入(右键铺组织可以将鼠标当前所在点做为起点向四周延展铺入组织,用户可以自由控制铺入组织的起点)。

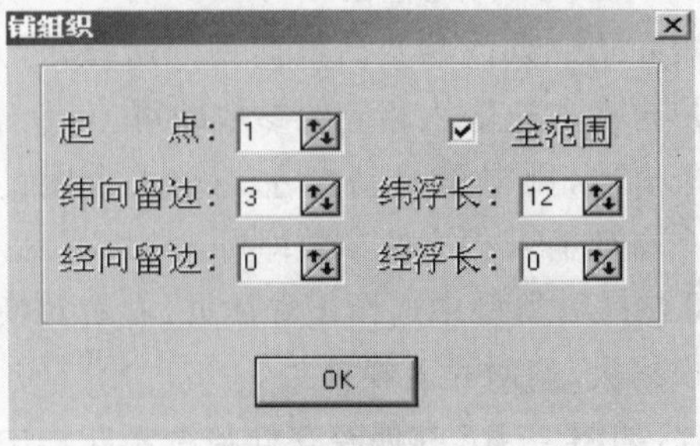

ⓓ ▌ 生成投梭/自动投梭:右键点击该功能则根据小样中的颜色数自动生成梭位(有几种颜色就自动生成几梭,只对 1~8 号色起作用,一般在做商标时有时会用)。手动生成投梭时先左键在色带中取 1 号色(代表第一把梭),再用左键在小样中单击第一把梭子是哪一些颜色,然后按右键出现图 4 - 20,选择 1,按 OK 后即生成第一把梭。左键在色带中取 2 号色

图 4 - 19　铺组织

图 4-20　投梭

（代表第二把梭），再用左键在小样中单击第二把梭子是哪一些颜色，然后按右键出现图 4-20，选择 2，按 OK 后即生成第二把梭。依此方法可以生成所有的梭子。

　　ⓔ　保存投梭：左键按保存投梭后出现类似 4-20 的图表，用户一共投了几梭就选择几，按 OK 后即保存（电脑会自动多存一倍，多存的一倍用来控制是否送经，即控制停撬）。

　　ⓕ　取出投梭：左键按该功能后则软件会自动取出以前保存的投梭信息，并且显示每一梭所占的比例，以方便用户对以前已经做过的文件进行检查。

　　ⓖ　停撬：此功能适用于高纬密织物的自动停撬。用户先在其中输入织机纬密（织造正常纬密织物时织机的纬线密度）和商标纬密（高密织物的实际纬密），按 OK 后已生成的梭位的最后一梭的右面的第一格上按一下，停撬就出来了，将不需要停撬的地方用画笔擦除，然后保存投梭（本来投了几梭还是保存几梭，不要将停撬的梭位也算在其中）。

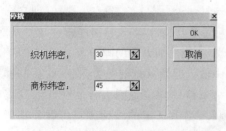

图 4-21　停撬

　　ⓗ　组织表：如图 4-22 所示，大图表中横向的 1～20 分别表示第 1 梭到第 20 梭，纵向中的数字表示小样中的颜色号（在小样中存在的颜色号在其中一定会有），横向的 1～8 分别表示第 1 造到第 8 造。在大图表上方用户可以在前面的方框中选择组织库，在后面的方框中选择具体的组织。具体填法分为以下几步：

　　a. 在组织表里输入组织代号，其中按左键在 0（不轧孔，即经线不提升，纬组织点）和 1（轧孔，即经线提升，经组织点）之间切换，按右键则在空格中填入选定的具体组织代号。例如在纵向的 12 与横向的 1 相交的框中用户填入 3〈sa〉，则表示第 1 梭在小样中的 12 号色时所织造的组织为 sa 中的 3 号组织。

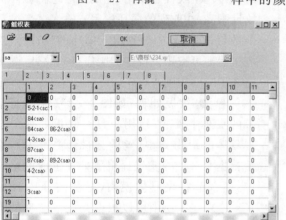

图 4-22　组织表

　　b. 单造（商标、装饰布等）只需填一次组织表（即进入组织表后，填上每一色对应每一梭的组织代号即可）

　　c. 若为双造或大小造（毛巾、地毯、装饰布等）则需先输入第 1 造的组织表，然后再选择第 2 造或第 3 造，选择相应的文件名（默认的为第一造的文件名）后填入对应的组织即可。

　　d. 填完后按 OK 即可（会自动保存）。

　　ⓘ　辅助组织表：对龙头中的一些辅助用针进行设定，具体步骤如下（图 4-23）：

　　a. 在样卡文件中选定织造当前纹样所需要的样卡。

　　b. 同组织表类似，辅助组织表的竖向表示样卡中存在的色号，每一种色号都有自己的具体含义（样卡中将做说明）。横向表示梭

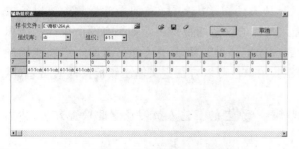

图 4-23　辅助组织表

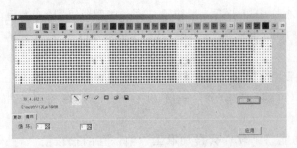

图 4-24 样卡

位。用户在其中输入辅助针的组织代号。

c. 填好后按 OK 即可确定。

⑦ 样卡：如图 4-24 所示，点击 图标后出现样卡设置对话框，在其中用户输入要建立样卡具体的行数和列数，常见的样卡规格有 $16 \times 98, 16 \times 88, 16 \times 84, 12 \times 88, 12 \times 60$ 等规格。确定具体的样卡规格后用户就可以通过点或刷子等功能画样卡了。样卡中每种颜色的具体含义如下：0—不用的针（即空针），1—前造主纹针（即单造），2 到 6 号—后造主纹针（即多造），7—停撬，8—提前梭箱针（老式织机），9—不提前梭箱针（新式织机），10 到 16 号—别的辅助针（边针、棒刀针等可用它们画），17—落后梭箱针，18—废边针，19—张数针，20—小孔针（即穿绳孔），21—大孔针（即定位孔针），22—计数针，23—行数针，24—卷曲开始针，25—卷曲停止针，26—辅助针，27 到 28—后造主纹针，29 到 31—辅助针。可以用"更改"功能更加方便的画样卡，例如在"从"后的框中输入起始纹针的位置，在"到"后的框中输入结束纹针的位置则会自动在起点到终点之间画入当前选定的纹针颜色。循环功能对 1 号色主纹针起作用，先用 1 号色将循环的纹针画满，在前列的循环中用户输入一个循环的数目，在后列中分别输入循环的纹针号，点应用后即可按用户设定的顺序排列纹针（画多造样卡时会用到）。

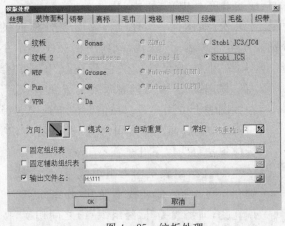

图 4-25 纹板处理

ⓚ 纹板处理：如图 4-25，在做完所有的工艺步骤之后，用户可在纹板处理中选择具体的织物类型（丝绸、商标、毛巾等），然后根据具体的龙头选择将要处理生成的格式（后面章节将做具体说明，有纹板、EP、JC4、JC5 等），在方向中可以根据龙头上纹针的具体吊挂方向选择纹板处理的方向。当投纬时某梭所占梭位达到两梭或两梭以上时，我们在纹板处理时需将模式 2 选中。当样卡中的纹针数与小样中的纹针数不符时，如果用户选择自动重复，则会处理出一个循环以上的纹板文件，若不选则只处理出一个纹板文件，多余纹针将不使用。如果织物是 1 纬或 1 纬以上的纬线从头到尾常织的话，在前面的步骤中可以省去投梭的步骤，在纹板处理时选择常织，在后面输入具体的织造纬数即可。如果有两个纹样的组织表或辅助组织表相同的话，用户可在固定组织表或固定辅助组织表中选择已有的组织表或辅助组织表，即可省去填组织表或辅助组织表的工作。用户也可以自己定义输出纹板文件的名字（默认名同小样文件名）。

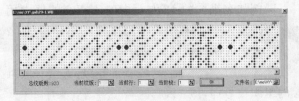

图 4-26 纹板检查

ⓛ 纹板检查：用户可通过该功能查看单块纹板（老的工艺人员习惯于此检查方法，适用于需冲纸板的纹板文件）。

ⓜ 花板→XY：打开 EP、JC5、CMS 等文件，然后使用该功能，出现对话框，在其中输入停

图 4 - 27 花板→XY

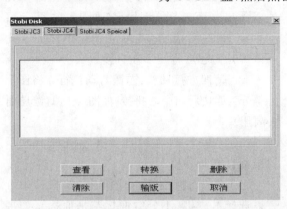

图 4 - 28 磁盘输出

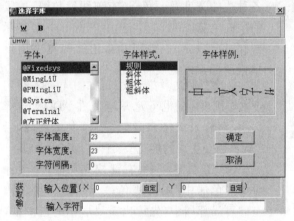

图 4 - 29 选择字库

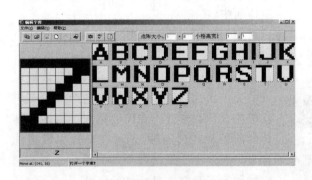

图 4 - 30 新建字库

撬针的位置,点击 OK 后即可将纹板文件转换为小样文件。

ⓝ 磁盘输出:先打开一个 JC3 或 JC4 文件,点击该功能后出现对话框如图 4 - 28。用户先在上面选择具体的文件格式(有 JC3、JC4、特殊 JC4 三种),然后在软驱中插入一张软盘,点击清除,可将该盘转换为 STOBI 盘,然后点击输版即可将 JC4 文件输入软盘。查看功能可查看软盘中的文件及文件的一些信息。转换功能可将一些特殊格式的文件转化为在 JCAD 中的可视文件。删除则将软盘中的文件删除。

ⓞ 毛巾加针:该功能适用于毛巾的单双毛边界的处理,在后面毛巾的章节中将做详细说明。

ⓟ JC5 JC5 分割:当 JC5 文件大于一个软盘的容量时,可使用该功能将 JC5 文件分割为两个或两个以上的文件分别输入织机,输入织机后它们会自动合并,分割后的文件后缀名分别为 *.j01、*.j02⋯(例如 11.JC5 分割后成为 11.j01、11.j02⋯等若干文件)。

④ 特殊:共有 19 个子菜单。

ⓐ 选择字库:先选择 W(自建字库)或 B(标准字库),如图 4 - 29。

a. 选择字体及字体样式,在右面的方框中会显示字体的样例,用户可自己安装多种字体,以方便调用。

b. 输入字体高度、宽度和间隔,其中中文字体的宽度必须为偶数(因为中文为双字节)。

c. 按确定后在色带中选择字体颜色,然后在字体要放的位置按一下左键,出现方框。

d. 进入选择字库功能,此时的输入位置 X 和 Y 起点已自动输入。然后选择具体的输入方法,在输入字符处输入中英文,按确定即可。

ⓑ 编辑字库:如图 4 - 30,按一下新建字库输入点阵大小和小格高宽比,按新字,在小格里书写、编辑字体,写完一个按一下新字,再编辑另一个字,直到所有的字编写完后给该字库起一个名字即可,在以后的使用过程中,选择字库中就可以调用该字库了。在以后的使用过程中也可以对该字库进行修改(调出字库后再选择要修改的字即可进行字体的修改了)。

ⓒ 上下翻转:左键执行,图形上下 180°翻转。

图 4 - 31　接回头前　　　　接回头后

图 4 - 32　商标模板

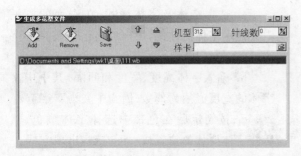

图 4 - 33　生成多花型文件

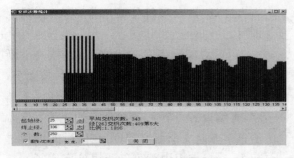

图 4 - 34　交织次数统计

ⓓ ⟷左右翻转：左键执行，图形左右 180°翻转。

ⓔ ⤵90°旋转：左键执行，图形顺时针翻转 90°。

ⓕ ↕左右接回头：左键点在小样的哪儿就以哪儿为起点将图形上下接回头。

ⓖ ↔左右接回头：左键点在小样的哪儿就以哪儿为起点将图形左右接回头。

ⓗ ✣四方接回头：左键自动执行。将图形等分为四块后向中心拼接，如图 4 - 31（绘图时要用）。

ⓘ 半接：左键自动执行，可选择水平或垂直方向。

ⓙ 商标模板：如图 4 - 32，在其中可以选择木梭机（不分缎面标与平面标），如果是烧边机则根据商标类型选择缎面或平面。各种边的宽度及颜色，还有剪线针数，折边线的顶高电脑均自动给出（用户也可根据实际情况自己设定）。剪线和折边线的宽度用户根据商标具体宽度自己输入适当的值。

ⓚ 生成多花型文件：如图 4 - 33，适用于木梭机改装的电子龙头，首先在 ADD 处选择文件，并输入机型、针线数和样卡文件，然后 SAVE 将要生成的多花型文件（后缀名为 dj）。

ⓛ 图案居中：右键按此功能，全图针对 1 号色居中（图案底色一定要是 1 号色）。左键可局部居中，先拉出需要居中的范围框，然后右键在框中点击，可以选择左右、上下、整体居中。

ⓜ 交织次数统计：交织次数统计中可以看到织物每根经线的平均交织次数，将鼠标移至图案中具体的经线上可以看到该根经线的交织次数以及在所有设定的经线中交织次数排在什么位置。在前面用户可以输入具体的起始及终止经纱，还可在个数中设定统计最大及最小交织次数经纱的根数。还可选定按图形还是文本显示统计信息。

ⓝ 文件压缩：压缩已知文件，先选择要压缩的文件，在"结果备份到"中选定要将文件压缩到的路径（若是解压则在"解压到"中选定解压路径）。压缩时会根据用户的选择将 XY、BMP、WVT、AST、WB 等文件一起压缩，也可将组

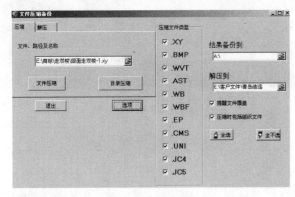

图 4 - 35　文件压缩

图 4 - 36　经向穿插

图 4 - 37　经向分割

4-38　间丝

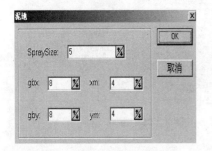

图 4 - 39　泥地

织文件一同压缩(图 4 - 35)。

○ 全范围复制:左键执行,将整幅图形向右复制一个,可重复多次复制多个。

⑫ 经向穿插合并:将图像按经向分开后再合并,在重复数中输入具体的数字后按 OK 即可自动合并(图 4 - 36)。例如重复数为 3,则一个有 300 根经线的小样经线将按 1、101、201、2、102、202、3、103、203…的顺序重新排列。

⑬ 经向分割:经向穿插的反过程,在重复数中输入具体的数字后按 OK 即可自动分割(图 4 - 37)。例如重复数为 3,则一个有 300 根经线的小样经线将按 1、4、7、2、5、8、3、6、9…的顺序重新排列。

⑭ 经向抽单针:经线方向任意抽针。只需在想要抽掉的经线上点击左键即可抽去该根经线。

⑮ 纬向抽单针:纬线方向任意抽针。只需在想要抽掉的纬线上点击左键即可抽去该根纬线。

⑤ 其它:共有 16 个子菜单。

ⓐ 清屏:将图形中的所有颜色清除,整幅图样中只剩下 1 号色一种颜色。

ⓑ 间丝:如图 4 - 38,在 Qix 与 Qiy 中输入数值后可画出不同的间丝,具体搭配为:QIX 为 0,QIY 为 0 时可画出活切间丝;QIX 为 1,QIY 为 0 时可画出合单起平纹间丝;QIX 为 0,QIY 为 1 时可画出合双起平纹间丝。

ⓒ 泥地:如图 4 - 39,先在泥地对话框中输入参数(SpraySize 表示每喷一次最多出现的点的多少;gbx、gby 分别表示每一次喷出泥点时经纬向的范围;xm、ym 分别表示喷点连在一起的最宽值和最高值),然后再在色带中选择颜色,在需要铺入的颜色上按左键即可铺入泥地。

ⓓ 影光:如图 4 - 40,在对话框中输入影光组织的枚数、飞数,连续点数即表示经点数,范围框中输入每一次铺入的范围,还可以选择组织为经向的还是纬向的。填好参数后按 OK,在色带中选择颜色,然后在要铺影光组织的颜色上按左键铺入组织,用户可通过在铺入的过程中变换连续点数的值来达到影光的效果。

ⓔ 去杂点:如图 4 - 41,点数表示想要去掉的杂点的点数,经向,纬向分别表示去掉的杂点高度和宽度。如果用户选择了精确点数,则只会去掉和用户设定的值完全吻合的杂点,若不选择精确点数,则在设定值范围内的杂点都将被去掉。在填完参数后按 OK,电脑即可自动去除用户想要去掉的杂点。

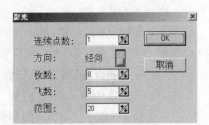

图 4 - 40　影光

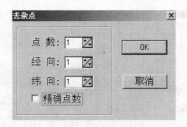

图 4 - 41　去杂点

ⓕ 🟦 勾边：如图 4 - 42，先在对话框中输入参数。

a. gbx＝1,gby＝1,qix＝1,qiy＝0 时，为合单起平纹勾边。

b. gbx＝1,gby＝1,qix＝0,qiy＝1 时，为合双起平纹勾边。

c. gbx＝2,gby＝1,qix＝1,qiy＝1 时，为双针自由梭勾边。

d. gbx＝2,gby＝2,qix＝1,qiy＝1 时，为双针双梭勾边。

输入勾边参数之后按确定，然后在色带中选择主勾边色，按左键拖动，确定要勾边的范围，左键定与主勾边色相邻的副勾边色，最后左键确定即可，电脑会自动按用户的设定勾边。

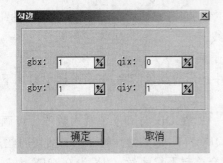

图 4 - 42　勾边

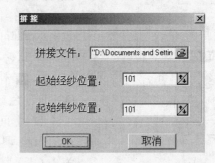

图 4 - 43　拼接

ⓖ 🟦 拼接：如图 4 - 43，可以将两个或两个以上的小样文件拼接为一个文件。

a. 先打开一个文件，然后在拼接文件中选择要拼接的文件。

b. 输入起始经纱位置和起始纬纱位置（即要拼接进去的图形的左上角的坐标）。

c. 按 OK 后即自动执行，如果要拼接多幅文件，只需重复以上步骤即可。

d. 拼接完后存盘，经纬纱线数会自动改变。

ⓗ 🟦 包边：如图 4 - 44，首先选择内包边还是外包边，然后选择包边的方向，确定后在色带中取包边色，然后在要包边的颜色上按左键，每按一下包一针。

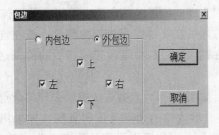

图 4 - 44　包边

图 4 - 45　漏底

　　ⓘ 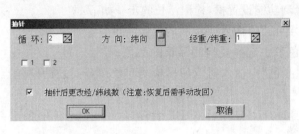漏底：主要在商标的设计过程中使用。是为了使纬花与纬花左右交界处自动包边 2 针或 4 针(也可自己改正针数)，其所在的底梭不织，使花纹的轮廓更清晰。使用时用户选择平面标或缎面标，按确定后即执行(图 4 - 45)。

图 4 - 46　抽针

图 4 - 47　移针

　　ⓙ 抽针：如图 4 - 46，在循环中输入循环数，方向中选择经向抽针还是纬向抽针，经重/纬重中输入经重数或纬重数。然后选择想要得到哪一组经线或纬线，可选择抽针后自动更改经/纬线数。例如用户循环设定为 2，方向为纬向，在中间的 1 前打勾，则 1、3、5、7⋯纬线将被抽出，若方向定为经向，在中间的 2 前打勾，则 2、4、6、8⋯经线将被抽出。

　　ⓚ 移针：如图 4 - 47，在"从"中填入将要移动纹针的起始针，"移到"中填入将要移到的位置，针数中输入需要移动的纹针数，然后选择经向移针还是纬向移针，按 OK 后电脑会自动将纹针移位。

　　ⓛ 纹板转换：可将已经做好的纹板文件转换为另一样卡不同的纹板文件。使用时在原样卡文件中用户选定已处理好的纹板文件所用的样卡，在原选纬针中选定原样卡所用的选纬针组织。在新样卡文件中选定将要转换的纹板文件所用的样卡，在新选纬针中选定新样卡所用的选纬针组织，然后按 OK 即可转换出新的纹板文件(图 4 - 48)。

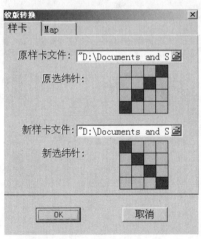
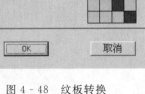

图 4 - 48　纹板转换

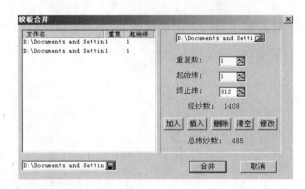

图 4 - 49　纹板合并

　　ⓜ 纹板合并：如图 4 - 49，先在右上角选择需要合并的纹板(可以为两个或两个以上，并可以在重复数中设定某种纹板的重复数)。在选定每一个纹板时用户可以设定要拼接的起始、终止纬。在菜单中会显示合并后纹板的经纬线数。用户选定好所有的要合并的纹板后，在左下角的保存文件中设定合并后的文件的路径和文件名后按合并即可成功合并纹板。

　　ⓝ 纹板分割：用于大的纹板文件的分割。如图 4 - 50，先选定需要分割的文件，会显示选定文件的经纬线数。然后用修改或自动来设定要把纹板文件分割为几个文件，并可以设定每个

图 4 - 50 纹板分割

文件所占的纬线数。然后按分割即可将文件分割为几个文件，分割后的文件名分别为在原文件名后加上 1、2、3…。

◎ 🔍浮长检测：点击该功能后在标准工具栏下出现图4 - 51所示浮长检测功能设置框，检测浮长的步骤如下：

a. 在"浮长"中输入要检测的浮长长度。

b. 在色带中选择要检测浮长的颜色。

c. 在"颜色"中输入对于超出检测浮长部分要加的间丝点的颜色。

d. 选择间丝点是要合双还是合单以及要检测的是经向浮长还是纬向浮长。

e. 以上设定好之后即可检测浮长了，用户可以选择从头检测，也可以任意检测下一个或上一个。

f. 检测好后如果想加间丝点则点击加间丝点，会自动加入间丝点，如果想在所有浮长超出的地方都加上间丝点，则点"应用到所有"即可。检测完后可关闭该对话框。

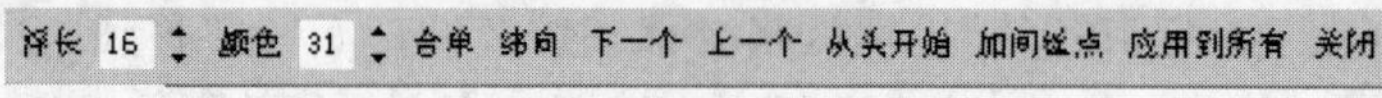

浮长 16 ↕ 颜色 31 ↕ 合单 纬向 下一个 上一个 从头开始 加间丝点 应用到所有 关闭

图 4 - 51 浮长检测

第五章 纹织 CAD 开发环境与理论基础

第一节 纹织 CAD 系统的软、硬件开发环境

开发环境也称工作平台,纹织 CAD 系统是以计算机为中心的图形处理与纺织设计与工艺处理相结合的系统。该处理系统的基本组成包括系统硬件平台和软件平台。硬件平台即计算机系统和图形设备,软件平台则包括系统软件、图形软件、图形开发工具等。用户所建立的各种图形应用系统,均是基于硬件平台和软件平台的建立并在其上进行开发的。

一、纹织 CAD 系统的硬件工作环境

计算机硬件工作环境是要给计算机用户提供一个非常良好的人机交互界面,形成一个有效的工作环境,使计算机用户能够在这个环境中进行计算机相关系统的应用、研究和开发。

常用的计算机辅助设计系统的硬件组成如图 5-1 所示。

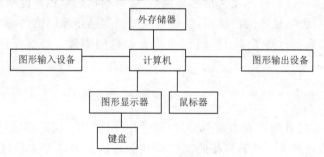

图 5-1 计算机辅助设计的硬件系统

从系统功能上分,主要分成三个部分,即图形输入、计算机和图形输出。

1. 图形输入设备

(1) 扫描仪

扫描仪是通过光电转换,点阵采样的方式,将一幅画面变为数字图像的设备。在采用扫描仪输入图案时,要求考虑的是输入分辨率、扫描速度、被扫描的幅面大小等。一般来说,输入分辨率越高,则越接近于原来的图案,当然用来存储图像所占的空间就越大。然而对于不同应用领域,分辨率的选择相差甚大。扫描速度是指扫描一幅指定图案所需的时间,它与扫描仪系统的性能有关。扫描幅面的大小的选择,决定于扫描仪规定尺寸的大小,如果实际图案的尺寸大于扫描仪的规定幅面,那么需要采用拼接技术。

扫描仪有平板式扫描仪、滚筒式扫描仪以及便携式(手持)扫描仪。目前在纹织 CAD 系统中常用的是平板式 CCD 扫描仪,其价格便宜,扫描速度快,操作方便,缺点是扫描幅面较小,所以对

一幅较大的图稿需分数次扫描然后拼接而成。其主要的性能和参数如下：

　　扫描幅面：A4 或 A3

　　扫描分辨率：1200dpi(点/英寸)或 600dpi(点/英寸)

　　按 R、G、B 三基色分色

　　(2) 数字化仪(有些系统采用鼠标)

　　数字化仪是一种图形输入设备，是由电磁感应板、游标和相应的电子电路组成。当使用者在电磁感应板上移动游标到指定位置，并将十字叉丝的交点对准数字化的点位时，按动按钮，数字化仪则将此时对应的命令符号和该点的位置坐标值排列成有序的一组信息，然后通过接口(多用串行接口)传送到主计算机。数字化仪就好像是一块超大面积的手写板，用户可以通过用专门的电磁感应压感笔或光笔在上面绘制图形，并传输给计算机系统，不过在软件的支持上它是和手写板有很大的不同的，硬件的设计上也是各有偏重的。现在数字化仪已经用的很少了，主要用鼠标进行输入。

　　(3) 数码相机

　　数码相机也叫数字式相机，是光、机、电一体化的产品，它集成了影像信息的转换、存储和传输等部件，具有数字化存取模式，可与电脑交互处理和实时拍摄等特点。数码相机的主要性能指标：

　　数码相机的分辨率：数码相机的分辨率使用图像的绝对像素数来衡量(而不采用每英寸多少像素 dpi 的指标)，分辨率越高，所拍图像的质量也就越高，现在一般像素应大于 150 万，可在足够分辨率的情况下一次输入大幅面画稿。

　　数码相机的色彩深度：彩色深度又称色彩位数，数码相机的彩色深度指标反映了数码相机能正确记录色调有多少，色彩位数的值越高，就越可能更真实地还原原物体的细节。目前几乎所有的数码相机的色彩位数都达到了 24 位，可以生成真彩色的图像。目前商用级的数码相机 CCD 一般都是 24 位。

2. 计算机

　　由于纹织 CAD 系统处理的对象是图像，数据量往往比较大，而对图像处理的速度要求高，所以应选用比较高档的计算机。计算机按照其结构性能可以分为巨型大型机、小型机、工作站、微机等不同类型和档次。PC 机主要指的是奔腾(Pentium)系列的个人计算机，国内常用主机的典型代表有 IBM、COMPAQ、AST、联想、方正等公司的 PC 机。目前，PIV 2.4G 的 CPU，80G 的硬盘，512M 的内存，64M 的显存，已经算是比较常见的了。当然硬件配置越好，对于纹织 CAD 系统而言就越好。

3. 输出设备

　　(1) 显示器

　　显示器根据其结构原理可以分为两类，一类就是广泛使用于台式机上的阴极射线管显示器(即 CRT)。CRT 是利用计算机产生的数字信号，控制 CRT 屏幕上许多按矩形网络分布"像素"(Pixel)，而构成屏幕上的图形。另一类显示器称作"液晶显示器"，这类显示器体积小，重量轻，适宜于便携式电脑使用。一般应用于纹织 CAD 系统的 CRT 显示器可采用对角线尺寸为 19～21 in 左右的(1 in ＝0.0254m)，分辨率为 1024×768 或 1280×1024 的显示器就能较好的满足使用的要求。

（2）打印机

打印机是一种主要的输出设备,根据打印机的打印机制不同,打印机可以分为针式点阵打印机、静电打印机、喷墨打印机、激光打印机等。

二、纹织 CAD 系统的软件工作环境

纹织 CAD 系统的软件工件环境主要涉及的是计算机的操作系统,我们平常把在计算机的操作系统环境下的软件开发称为在一种软件平台上工作。软件平台是一种用户工作的环境和界面,纹织 CAD 系统和纹织 CAD 软件的运行和开发都毫无例外地建立在这样一个环境下,如 DOS 操作系统环境、WINDOWS 操作系统环境。操作系统的发展非常快,目前,在微型机上一般有如下几种软件开发平台,也即操作系统环境:DOS 操作系统环境、WINDOWS 操作系统环境、UNIX/XENIX 操作系统环境、网络操作系统环境。这些操作系统都提供了图形处理的基本支持程序和系统调用,用户可以通过计算机语言和系统调用来进行图形的编程和操作。

此外,除了系统开发环境外,纹织 CAD 系统还需要一些辅助软件支持,例如:图形软件开发工具,数据库管理系统软件。

在提倡软件工程法以后,软件的设计都按照软件工程的规范进行开发,但开发软件的时间、难度以及花费的人时数仍然是一个相当大的问题,为减轻开发者的劳动,提供软件设计、编写、开发、调试、维护等各个方面的支持,软件工具得到了迅速的发展。用于图形开发的工具软件也层出不穷,已经开发出了图形软件工具箱(Graphics Toolbox),图形软件工作台(Graphics Workbench)等,使图形软件工具得以大大扩展。目前,许多图形应用系统的开发,都是在已有的基础上进行的二次开发,这大大地节省了开发的人力物力,缩短了开发时间,取得了很好的效果。

为了适应纹织 CAD 系统数据庞大的数据处理和数据交换,数据库管理系统(DBMS,Database Management System)是十分重要的支撑软件。它不但可以保证数据资源共享、信息保密、数据安全,还能尽量减少数据库内数据的重复。当前,国内流行的商品化数据库管理系统有 VFP,SQL Server,Oracle,Sybase 等,它们都属于关系数据库管理系统。

在软件开发过程中,把若干高档次的软件工具进行级联与组合,并以基本硬件和宿主软件为基础,就开成了所谓软件工程环境,在这个环境中,可以合理地将人的作用、机器的功能、工具的技巧都有机地结合起来。这个环境实质上是各个层次和各个类型的软件工具的结合。例如:

核心工具组(操作系统);

程序工具组(编辑、编译、解释、链接、装配、调试程序工具);

应用工具组(诊断、配置、系统实用工具、组件工具、集成系统工具);

专用工具组(图形采集、压缩、存储、变换、处理、开发、多媒体开发工具);

环境工具组(资源处理工具,系统自动生成工具、特殊环境开发工具)。

由此可见,软件工具与软件工程是密不可分的,软件工具的不断发展,推动、充实和完善了软件工程环境,使用户得以感受到他们必须在一个具有多样化软件工具的机器环境下来开发自己的软件。

三、纹织 CAD 系统开发工具的介绍

如今,有许许多多的开发工具可以选择: Visual Basic、Visual C++、Delphi、C++ Builder、Java、PowerBuilder⋯⋯它们基于不同的编程语言,所用的开发工具也各不相同。以下简单介绍几种常用的开发工具。

Visual Basic 是从 Basic 语言发展而来的,现在仍保留有许多 Basic 语言的语法规则,但功能已经完全超越了 Basic 语言。Basic 语言是一种非常简单的计算机语言,许多计算机爱好者就是从这里开始起步的。Visual Basic 具有简洁、易于使用、开发效率高等优点。Visual Basic 提供了生成向导、拖放技术、属性检查以及其它丰富的适于开发 Windows 应用程序的功能控件,它集成了多种语言和基于 ActiveX 的功能组件,是第一个支持 ActiveX 技术的开发工具。在对后台数据库的访问方面,Visual Basic 提供了多种方法,尤其是很好地支持 ODBC。此外它还提供了很好的在线帮助文档。但 Visual Basic 语言不提供继承,在使用多线程的应用程序方面性能不佳,这使得许多程序员在进行这方面开发时不得不转向其它语言,比如 C++。

Delphi 具有优秀的人机交互界面,和 Visual Basic 一样提供生成向导,大部分工具简单而且直接;它提供了最佳的语言解决方案,能够支持鼠标、继承、内嵌汇编代码以及所有 C++ 所具备的功能。Delphi 支持最底层的函数调用和目标生成覆盖,尽管它的 ActiveX 功能不如 Visual Basic 易用和全面,但它提供了最快速的 ActiveX 服务。Delphi 提供有捆绑在一起的报表生成器 QuickReport,尽管该生成器的速度比较慢,但它的强大的性能和简洁的使用方法倍受程序员青睐。Delphi 编译源代码时提供有错误提示信息,这也是程序员喜爱的特点之一。Delphi 在数据库编程方面具有强大的功能,支持 Access 到 SQL Server 多种数据库,提供了单层到多层体系结构数据库编程、数据库的分布式编程、数据库的 Internet 编程等功能。

Visual C++ 不仅仅是 C++ 语言的集成开发环境,而且与 Win32 紧密相连,所以,利用 Visual C++ 开发系统可以完成各种各样应用程序的开发,从底层软件直到面向用户的软件都可以用 Visual C++ 来完成;而且 Visual C++ 强大的调试功能也为大型复杂软件的开发提供了有效的改错手段。与 VB 和 Delphi 相比,Visual C++ 适合于密集型应用程序开发,即程序各个部分耦合得非常紧密,诸如文字处理软件、交互式图形系统等。而 VB 和 Delphi 则十分适合那些代码量大、界面多、模块独立程度高、耦合性低的管理类系统,尤其是同数据库的大量处理有关的应用。

四、纹织 CAD 系统中的数据库管理

在纹织 CAD 系统中,要涉及大量的库存数据,主要包括组织库、字库、样卡库、花样库。对于这些库的管理可以采用文件系统的方式进行管理,也可以用数据库的方式进行管理。

以文件系统的格式进行管理,只提供较为简单的数据存取功能,各个文件之间相互独立、互相不发生联系,系统对数据文件提供打开文件、关闭文件、从文件中读/写一个记录等操作。文件系统对数据的管理,实际上是通过应用程序和数据之间的一种接口实现的,数据的存放依赖于应用程序的使用方法,不同的应用程序很难共享同一数据文件,即数据独立性较差。但在应用中,要求存储和管理有结构的数据,即不但要管理数据本身,还要管理数据间的联系,以便提供按照数据间的联系进行导航式的查询,从而大量的查询应用需求可以由系统(而不必通过应用程序)直接予以满足。

数据库系统管理的数据是有结构的,提供强有力的数据查询功能,并提供良好的数据共享性。数据库也是以文件方式存储数据的,但它是数据的一种高级组织形式,在应用程序和数据库之间,有一个新的数据管理软件,即数据库管理系统,数据库管理系统提供对数据库中的数据资源进行统一管理和控制的功能。数据库系统管理数据有如下特点:

(1) 数据结构化;

(2) 数据的共享性好,冗余度低;

（3）数据独立性高；

（4）数据由 DBMS(Database Management System)统一管理和控制，不再需要应用程序和用户过多的参与数据的搜索和定位等数据管理任务。

（5）采用数据库管理方式在协同操作中可以实现数据由统一的服务器来保存管理，其它的端点只需保存应用程序和少量的数据。

数据库管理数据的方式使得数据的共享能够在各个端点方便地实现。以下针对不同的数据对象，具体规划出不同的数据表。

（1）组织表

组织表中保存的是组织信息。组织按照组织特性和用户的个人习惯，可以分为多个不同类型的组织库，比如一般需要有平纹组织库、斜纹组织库、缎纹组织库，另外用户根据使用要求可以定义其它的组织库。

因此，组织的管理主要就是三个字段：库名、组织名、组织具体信息。库名用来定义组织所属库，组织名是用来标识组织的代号，组织具体信息里存储的是组织的具体结构。

在应用程序中可以方便地根据第一字段分辨出库类型，根据第二字段选择组织，需要组织具体信息时根据前两者的选择可以明确方便地加以调用。

（2）字库

字库是在花样的编辑过程中往往需要在花样中编辑语言文字，此时可以调用操作系统的标准字库，用户也可以根据使用要求定义出某些字体并加以保存，以后需要的时候再加以调用，这类字体的集合称为自定义字库。自定义字库表主要由三个字段组成：字库名，具体字库信息，附加信息。

（3）样卡库

样卡的管理可以分为三个字段：样卡类、样卡名和具体样卡信息。

（4）小样库

小样数据是纹织 CAD 系统中的主要管理对象，小样的管理可以包括下列主要字段：客户名、小样类型、小样具体数据、小样特征信息、备注等。

随着目前对 CAD 系统各种自动功能的要求越来越高，以统一的数据库数据管理方式使得用户的数据管理更加方便，也更加安全。

第二节　纹织 CAD 系统文件格式的数学描述方法

数学描述方法，就是用数学的方法来表述图形图像的各种数据。如：图形图像文件的基本格式以及纹织 CAD 中常用的文件格式等。

一、图像的基本格式

图像文件就是描绘了一幅图像的计算机磁盘文件。一幅现实世界的图像首先经扫描仪等设备进行原始数据采集，然后利用数字化技术进行处理，最后即可以用图像文件的形式保存在计算机的磁盘中，也只有这样，计算机才能灵活方便地处理这些图像。

早期，图像文件的存储方式是由数据采集者自行定义的，因此，为一种图像格式的推广与应用造成了很大的麻烦。随着计算机图像技术的不断发展，各种应用领域逐渐出现了一些比较流行的图像格式标准。例如：Windows 下的位图文件 BMP、TIFF 格式，公用领域常用的 GIF 格式，PC 机上经常使用的 PCX 格式，动画领域青睐的 TGA 格式，CAD 领域的 DXF 格式等。

到目前为止，图像格式的数量急剧膨胀，在数以百计的应用程序中所使用的格式有几十种之多。例如在著名的图形处理软件——PhotoShop 6.0 中用到的图像文件格式、子格式就共有三十多种，例如：PCX、MacPaint、Tiff、Gif、GEM、IFF/ILBM、Targa、BMP/DIB、WPG、PostScript、Sun、PBM、XBM、JPEG、FITS、DXF、HP-GL、LotusPic、PCL、WMF、EPS、CGM、RIB、FLI/FLC、MPEG、PDF……。对于如此繁杂的文件格式，不可能被全部掌握。本节将对最常用的文件格式进行分类归档，并进行详细的介绍。

1. BMP 格式

BMP(bitmap 的缩写)文件格式是微软公司为 Windows 操作系统设置的标准图像格式。一个 BMP 格式的文件通常有.bmp 的扩展名，但有一些是以.rle 为扩展名的，rle 的意思是行程长度编码(runlength encoding)。

BMP 格式又称为 DIB，也就是 Microsoft Windows 设备无关位元映射(Microsoft Device Independent Bitmap)文件，Bmp 可以包含每个像点 1 位元、4 位元、8 位元或 24 位元的图形。其中 4 和 8 位元图形有彩色映像，而 24 位元图形则是全彩色图形(true color)。

BMP 文件是 PC 上最常见、最简单的文件格式之一。BMP 文件可描述多达 32 位彩色的图像。通常图像是以非压缩方式存储的，但是也可以进行压缩处理。BMP 文件常用的压缩算法是 RLE 行程编码。因为 BMP 文件的压缩算法效果并不好，在实际中很少用到带压缩的 BMP 格式。故本节只介绍不带压缩的 BMP 文件格式。

BMP 文件结构分成以下几个部分：

(1) BITMAPFILEHEADER(BMP 文件头)

(2) BITMAPINFOHEADER(BMP 文件信息头)

(3) RGBQUAD(BMP 文件调色板)

(4) BITMAP DATA(BMP 文件数据)

下面分别介绍各部分内容。

(1) BMP 文件头：BITMAPFILEHEADER 结构

其结构为：

```
typedef struct tagBITMAPFILEHEADER {
UINT        bfType;
DWORD       bfSize;
UINT        bfReserved1;
UINT        bfReserved2;
DWORD       bfOffBits;
}BITMAPFILEHEADER;
```

bfType 是 BMP 文件的标志，为固定值"BM"。程序可以根据它的值来判断文件是否是一个 BMP 文件。

bfSize 是文件大小，以字节为单位，程序可以根据 bfSize 的值和文件实际大小的比较来判断文件是否有损坏。

bfReserved1 和 bfReserved2 是保留字，未被使用，其值为 0。

bfOffBits 是图像数据的偏移量,即从文件头开始多少个字节后是图像数据的起始。程序根据它来找到图像数据的位置。

(2) BMP 文件信息头:BITMAPINFOHEADER 结构

BITMAPINFOHEADER 结构定义为:

```
typedef struct tagBITMAPINFOHEADER {
DWORD        biSize;//BITMAPINFOHEADER 结构的大小
LONG         biWidth;//位图的宽度
LONG         biHeight;//位图的高度
WORD         biPlanes;//位图显示设备位数
WORD         biBitCount;//位图颜色位数
DWORD        biCompression;//压缩标志
DWORD        biSizeImage;//图像字节数
LONG         biXPelsPerMeter;//图像 X 方向分辨率
LONG         biXPelsPerMeter;//图像 Y 方向分辨率
DWORD        biClrUsed;//图像颜色数
DWORD        biClrImportant;//图像重要颜色数
}BITMAPINFOHEADER;
```

其中,biSize 为 BITMAPINFOHEADER 结构的大小,常为 28H;biWidth、biHeight 分别定义了位图的图像宽度和图像高度;biPlanes 表示用于观察位图图像的目标显示设备的位数,它通常不起作用,但却是 Microsoft 所需要的;biBitCount 定义了位图每像素颜色的位数,它可为 1、4、8 或 24。在 Windows 2000 中通过增加一个透明度字节,可以支持 32 位色;biCompression 标志位图是否被压缩,它有 BI_RGB、BI_RLE4、BI_RLE8 等几种类型,其中,BI_RGB 类型为非压缩,BI_RLE4 和 BI_RLE8 为行程编码压缩;biSizeImage 为图像大小的字节数,它可由文件头中的其他域计算出,需注意的是每排像素必须在 32 位或其倍数上结束,如果一排像素到不了 32 位,边界上则用"0"填充其余位;biXPelsPerMeter 和 biYPelsPerMeter 是说明图像的分辨率;biClrUsed 是图像所使用的颜色数,如果不用置为 0,表示所有的颜色都用到,如果位图被压缩,则必须置为 0;biClrImportant 是图像中重要的颜色数,通常置为 0,表示所有的颜色都重要。

BMP 文件信息头基本上包含图像的所有重要的信息,包括宽度、高度、每像素的位数。这里需要特别注意,就是很多 BMP 文件的 biSizeImage 的值为 0,因此如果根据其值来读入图像数据的话就会出错。而 biSizeImage 可以根据别的信息算出来。最简单的办法就是由 BITMAP-FILEHEADER 结构的 bfSize,即文件的大小减去 bfOffBits,即图像数据的起始地址。另外一种办法就是由图像的高度和宽度来计算图像数据的字节数。要注意的是并不是图像的高度乘以宽度乘以表示每像素的字节数就行了,因为在 BMP 的文件格式中规定每行的字节数必须是 4 的整数倍,不是 4 的整数倍时也要用 0 把它补齐到 4 的整数倍。因此,正确的算法是:

biSizeImage＝(biWidth ∗ biBitCount＋31)/32 ∗ 4 ∗ biHeight

其中 biWidth ∗ biBitCount 是每一行图像占用的位数,除以 8 是每行图像占用的字节数。要为 4 字节整数倍,所以除以 32 再乘 4,整数除法时会自动取整。加 31 是为了取到大于或等于图像数据实际字节数的 4 的整数倍。

(3) 调色板:RGBQUAD 结构

RGBQUAD 结构如下:

```
typedef struct tagRGBQUAD {
/* rgbq */
    BYTE    rgbBlue;//颜色的蓝色分量
    BYTE    rgbGreen;//颜色的绿色分量
    BYTE    rgbRed;//颜色的红色分量
    BYTE    rgbReserved;//保留,为 0 }RGBQUAD;
```

RGBQUAD 数据结构是 BMP 所包含的颜色表,接在 BITMAPINFOHEADER 结构之后含有位图中用到的每种颜色的 RGB 颜色,在位图中有多少颜色,就有多少 RG-BQUAD 数据结构项,如果 biClrUsed 的值大于"0",则 biClrUsed 值就是 RGBQUAD 元素的数目。

在 RGBQUAD 结构定义的颜色值中,红色、绿色、蓝色的排列顺序恰好相反,如某位图中某个像素点的颜色描述为"FF,00,00,00",则该点的颜色为蓝色。

在文件中还定义了一个数据结构 BITMAPINFO 结构:

```
typedef struct tagBITMAPINFO {
/* bmi */
    BITMAPINFOHEADER    bmiHeader;//文件信息头
    RGBQUAD             bmiColors[1];//调色板入口
} BITMAPINFO;
```

BITMAPINFO 实际上是两个部分合成的一个结构,它的调色板仅仅申请了一个单元,此单元仅仅是占位,因为颜色数是不固定的。

（4）BITMAP DATA（BMP 图像数据）

BMP 文件中位图化的图像数据是以连续行的形式储存,而图像以相反的顺序储存,即文件读出的第一行是图像的最后一行。图像数据按照从左下角到右上角顺序排列的。这和通常所习惯的 x-y 坐标是一致的,即 x 坐标向右,y 坐标向上。然而,在用很多或者函数处理 BMP 文件时并不需要关心像素的顺序,只有在自己对图像的数据作处理的时候会用到。

2. JPEG 格式

JPEG(Joint Photograhic Experts Group)是静止图像压缩的一种标准,这里的所谓 JPEG 图像文件格式是指经过 JPEG 技术压缩后的图像格式,是一种有损图像压缩格式,也就是图像中一些信息在压缩成 JPEG 格式时可能会丢失。其压缩比率通常在 10:1～40:1 之间。这样可以使图像占用较小的空间,所以很适合应用在网页的图像中。JPEG 格式的图像主要压缩的是高频信息,对色彩的信息保留较好,因此也普遍应用于需要连续色调的图像中。

JPEG 标准定义了许多标记(marker)用来区分和识别图像数据及其相差信息。JPEG 的每个标记都是由 2 个字节组成,其前一个字节是固定值 0xFF。每个标记之前还可以添加数目不限的 0xFF 填充字节(fill byte)。

3. TIF 格式

TIF 格式的优点主要是它适合于广泛的应用程序,与电脑结构、操作系统和图形处理的硬件无关,可以处理黑白和灰度图形,允许使用者针对一个扫描器、监视器和打印机的特殊性能而进行调整。TIF 具有防止错误发生的格式,因此,对于媒体之间的数据交换,TIF 常常是位元映射的最佳选择之一。

TIF 有一个主要的缺点,就是需要花费大量的程序设计工作来进行图形翻译,例如,TIF 数据可以用几种不同的方法压缩。为了达到覆盖面更广,一个 TIF 读取程序必须具有支持这些不同压缩方法的功能。

二、纹织 CAD 系统中的数据格式

1. 纹样文件

它是纺织品 CAD 中用于存储图像的一种格式,主要包括图像头信息和图像数据等部分,某些图像还可能包含调色板信息。

图像头信息位于文件的开头部分,主要包含的信息有经线数(图像的宽度)、纬线数(图像的高度)、颜色数、纬密、经密、图像数据起始地址、图像数据是否压缩等信息。

由于纹织 CAD 中所用到的颜色数比较少,因此定义图像的时候,一般都采用有调色板的存储方式,即所谓 Indexed 模式也称索引色模式。首先根据图像中的像素进行颜色统计,然后把这幅图像所用到的色彩编制成一个调色板存储在文件里,而在图像数据部分只要存储图像颜色所在调色板中的颜色号就行。这种索引色模式所记录的文件数据量相当小,大致只相当于 RGB 模式的三分之一(设置 256 色调色板)。

图像数据部分以文件中的某个偏移地址开始,往往都是以行为单位逐行排列的。在一行中,图像数据可以用压缩或非压缩方式进行排列。在非压缩的方式下,图像的每一行从左到右依次排列各像素点的色号值,每个像素可以用一个字节中的 8 位、4 位或 1 位来表示(分别称为 8 位图像、4 位图像或 1 位图像),8 位图像可以表示 $2^8 = 256$ 种颜色,4 位图像可以表示 $2^4 = 16$ 种颜色,而 1 位图像只能表示 $2^1 = 2$ 种颜色。例如,某 8 位图像的一行数据为:4,4,4,10,10,7,10,10,7…。表示该行图像中的色号值依次是 4,4,4,10,10,7,10,10,7…。

在压缩方式下,往往以行为单位,根据色号排列进行压缩,压缩之后的图像数据量远远小于未压缩数据量。图像压缩方法很多,在此就不作具体的介绍。

2. 纹板文件

纹板数据结构是纹织 CAD 系统中的重要数据,在纹织 CAD 系统中生成该数据,以文件方式保存后,再由输出控制系统取得,完成自动冲孔。纹板文件格式有很多种,有 WB 格式、PUN 格式、QW 格式、WBF 格式等,各个 CAD 系统的定义也不全然相同,但纹板文件格式主要包括两个部分:一是纹板的头文件信息;二是纹板的数据。下面用 WB 格式的纹板文件进行说明。

WB 纹板文件头信息的 C 语言结构如下:

```
Typedef struct wb_head {
unsigned int wznum;        /* 图像经线数 */
unsigned int wgnum;        /* 图像纬线数(纹格数) */
unsigned int warps;        /* 经重数 */
unsigned int wefts;        /* 纬重数 */
unsigned int stano;        /* 起始纹板数 */
unsigned int endno;        /* 结束纹板数(总纹板数) */
unsigned int shuts;        /* 梭数 */
unsigned int cols;         /* 纹板样卡列数 */
```

```
unsigned int rows;        /* 纹板样卡行数 */
}WBHEAD;
```

一张纹板所占用的字节数可以由(cols＊rows＋7)/8 算出。纹板的数据信息只有轧孔(1)与不轧孔(0)的信息,而且纹板不采用压缩格式。

3. 样卡文件

样卡文件的建立是根据装造条件来确定的,即根据主纹针、棒刀针、边针梭箱针、投梭针、停撬针等的位置来确定。一般样卡用不同的颜色代表不同类型的针。通常用一个矩阵表示纹板样卡,用数字代表各种针孔,如"0"代表空针,"1"代表纹针,"2"代表棒刀针,"3"代表小边针,"4"代表梭箱针,"5"代表大边针等。样卡文件的 C 语言结构如下:

```
typedef struct ykk{
int cols;          /* 样卡宽度(列数); */
int rows;          /* 样卡行数; */
int data;          /* 样卡的数据 */
}YK
```

其中用一个字节(byte)来存储一个针的颜色号,例如,某一个位置是梭箱针,其颜色代号是"4",在所对应的 data 数据中存储的值是 0x04。

4. 组织文件

提花织物组织多种多样,除了平纹、斜纹和缎纹三大类基本组织以外,还有大量的呈现一定花纹变化规律的复杂组织。每一种组织都有经循环和纬循环数,所以组织库的组织可用一个 $n×m$ 矩阵表达:

$$A = \begin{bmatrix} a_{11} & a_{12} & \cdots & a_{1n} \\ a_{21} & a_{22} & \cdots & a_{2n} \\ \vdots & & & \\ a_{m1} & a_{m2} & \cdots & a_{mn} \end{bmatrix}$$

式中,n 为经循环数;m 为纬循环数。

$$a_{ij} = \begin{cases} 0 & 代表经纱 i 浮在纬纱的上面 \\ 1 & 代表纬纱 j 浮在纱的上面 \end{cases}$$

组织文件的数据格式类似于样卡文件的数据格式,但在存储数据的时候与样卡文件有所不同。因为每个组织点只有 0 和 1 两种状态,只需要占用一位(bit),因此为了节省空间可以用每个字节存放 8 个组织点信息。

第三节　图形学基础

计算机图形学是研究利用计算机处理图形的原理、方法和技术的学科。图形的处理包括了图形生成、图形描述、图形存储、图形变换、图形绘制、图形输出等等。计算机图形学的初期,主要解决几何图形处理、几何数据和数学方程等图形问题以及计算机辅助工程制图和计算机自动绘图等问题。但是其目前涉及的问题已今非昔比,已经成为各个应用领域中不可缺少的技术,成为图像处理、模式识别、CAD/CAM、计算机视觉、多媒体技术等各个学科的技术基础。

一、计算机图形学的发展和应用

计算机图形学是近 30 年来发展迅速、应用广泛的新兴学科,是计算机科学最活跃的分支之一。如何在计算机中表示图形、以及利用计算机进行图形的计算、处理和显示的相关原理与算法,构成了其主要研究内容。

计算机图形学的研究始于 20 世纪 50 年代,当时只是为了在绘图仪和阴极射线管(CRT)屏幕上输出图形,60 年代是计算机图形学得到确立并蓬勃发展的时期,70 年代则是这方面技术进入实用化的阶段。不过,直到 80 年代初,和别的学科相比,计算机图形学还是一个很小的学科领域,主要原因是由于图形设备昂贵、功能简单、基于图形的应用软件缺乏,随着光栅图形显示器的出现,计算机图形系统才得到了很大的发展和广泛的应用。进入 90 年代,计算机图形学的功能除了随着计算机图形设备的发展而提高外,其软件技术、系统更加成熟,并朝着标准化、集成化和智能化的方向发展。事实上,图形学的应用从某种意义上标志着计算机软、硬件的发展水平。计算机图形学之所以能在它短短的 30 多年历史中获得飞速发展,其根本原因是图形为传递信息的最主要媒体之一。计算机图形学来源于生活、科学、工程技术、艺术、音乐、舞蹈、电影制作等,反过来,它又大大促进了这些领域的发展。

目前,图形技术已经广泛的应用于各行各业,主要有以下几个方面:

1. 计算机辅助设计与制造

CAD/CAM 是计算机图形学在工业界最广泛、最活跃的应用领域。计算机图形学被用来进行纺织工程、土建工程、机械结构和产品的设计,包括设计飞机、汽车、船舶的外形和发电厂、化工厂等的布局以及电子线路、电子器件等。在电子工业中,计算机图形学应用于集成电路、印刷电路板、电子线路和网络分析等方面的优势是十分明显的。一个复杂的大规模或超大规模的集成电路板图根本不可能用手工设计和绘制,用计算机图形系统不仅能进行高效率的设计和画图,设计结果也可以直接用于后续工艺加工处理。

随着计算机网络技术的发展,在网络环境下进行异地系统的协同设计,已经成为 CAD 领域最热门的课题之一。现代产品设计已不再是一个设计领域内孤立的技术问题,而是综合了产品各个相关领域、相关过程、相关技术资源和相关组织形式的系统化工程。它要求设计团队在合理的组织结构下,采用群体工作方式来协调和综合设计者的专长,并且从设计一开始就考虑产品生命周期的全部因素,从而达到快速响应市场需求的目的,协同设计的出现使企业生产的时空观发生了根本的变化。异地设计、异地制造、异地装配成为可能,从而为企业在市场竞争中赢得了宝贵的时间。

2. 可视化

科学技术的迅猛发展,数据量的与日俱增使得人们对数据的分析和处理变得越来越困难,人们难以从数据海洋中得到最有用的数据,找到数据的变化规律,提取数据最本质的特征。但是,如果能将这些数据用图形形式表示出来,常常会使问题迎刃而解。

目前科学计算可视化广泛应用于医学、流体力学、有限元分析、气象分析当中。尤其在医学领域,可视化有着广阔的发展前途。机器人和医学专家配合做远程手术是目前医学上很热门的课题,而这些技术实现的基础则是可视化。

3. 用户接口

一个友好的图形化的用户界面能够大大提高软件的易用性。在 DOS 时代,计算机的易用性很差,编写一个图形化的界面要费去大量的劳动,因而软件中有 60% 的程序是用来处理与用户接口有关的问题和功能的。进入 20 世纪 80 年代后,随着 Window 标准的面世,苹果公司图形化操作系统的推出,特别是微软公司 Windows 操作系统的普及,标志着图形学已经全面融入计算机的方方面面。如今在任何一台普通计算机上都可以看到图形学在用户接口方面的应用。操作系统和应用软件中的图形、动画比比皆是,程序直观易用。很多软件几乎可以不看任何说明书,而根据它的图形或动画界面的指示进行操作。

4. 计算机动画

随着计算机图形学和计算机硬件的不断发展,人们已经不满足于仅仅生成高质量的静态场景,于是计算机动画就应运而生。事实上计算机动画也只是生成一幅幅静态的图像,但是每一幅都是对前一幅做一小部分修改(如何修改便是计算机动画的研究内容),这样,当这些画面连续播放时,整个场景就动起来了。

早期的计算机动画灵感来源于传统的卡通片,在生成几幅被称做"关键帧"的画面后,由计算机对两幅关键帧进行插值生成若干"中间帧",连续播放时两个关键帧就被有机地结合起来了。计算机动画内容丰富多彩,生成动画的方法也多种多样,比如基于特征的图像变形、二维形状混合、轴变形方法、三维自由形体变形(FFD, Free-Form Deformation)等。

近年来人们普遍将注意力转向基于物理模型的计算机动画生成方法。这是一种崭新的方法,该方法大量运用弹性力学和流体力学的方程进行计算,力求使动画过程体现出最适合真实世界的运动规律。然而要真正达到真实运动是很难的,比如人的行走或跑步是全身的各个关节协调的结果,要实现很自然的人走路动画,计算方程非常复杂、计算量极大,基于物理模型的计算机动画还有许多内容需要进一步研究。

5. 计算机艺术

现在的美术人员、尤其是商业艺术人员都热衷于用计算机软件从事艺术创作。可用于美术创作的软件很多,如二维平面的画笔程序(如 CorelDraw,Photoshop,PaintShop)、专门的图表绘制软件(如 Visio)、三维建模和渲染软件包(如 3DMAX,Maya)以及一些专门生成动画的软件(如 Alias,Softimage)等,可以说是数不胜数。这些软件不仅提供多种风格的画笔画刷,而且提供多种多样的纹理贴图,甚至能对图像进行雾化、变形等操作。很多功能是一个传统的艺术家无法实现也不可想象的。计算机艺术广泛地应用于商业事务、电视广告和商标装潢的制作,如地毯图案设计制作、产品广告的制作等。此外图形程序已在出版印刷和文字处理方面得到了大量的开发和研究,将图形操作与文本编辑融合在一起,大大提高了图形系统的功能。

二、光照模型原理

当光照射到物体表面时,光线可能被吸收、反射和透射。被物体吸收的部分转化为热。反射、透射的光进入人的视觉系统,使我们能看见物体。为模拟这一现象,可以通过建立一些数学模型来替代复杂的物理模型。这些模型被称为明暗效应模型或者光照明模型。三维形体的图形经过消隐后,再进行明暗效应的处理,可以进一步提高图形的真实感。光照模型是纹织 CAD 系统中模拟技术的基础,以下介绍两种简单的光照模型。

1. Lambert 漫反射模型

自然界的绝大多数景物为理想漫反射体,Lambert 余弦定律总结了一个理想漫反射物体在点光源照射下的光的反射规律。根据 Lambert 定律,一个理想漫射物体表面上反射出来的漫反射光的强度同入射光的强度与物体表面法线之间的夹角的余弦成正比,即:

$$I = k_d I_l \cos\theta \qquad 0 \leqslant \theta \leqslant \frac{\pi}{2} \tag{5-3-1}$$

其中 I 为景物表面在被照射点 P 处的漫反射光的光强,I_l 为点光源所发出的入射光的光强,k_d 为景物表面的漫反射系数,θ 为入射光与表面法向之间的夹角。漫反射系数 k_d 与入射光的波长和表面的材料有关。在简单的光照模型中,通常假定 k_d 和 I_l 为常数。

根据简单的 Lambert 漫反射光照模型绘制的物体表面常显得灰暗。由于假定点光源位于视点处,故没有受到光源直接照射的物体呈黑色。然而在实际场景中,物体还会接收到从周围景物散射出来的光,如房间的墙壁等。这种泛光代表一种分布光源。由于处理分布光源所需的计算量甚大,在计算机图形学的光照模型中,它作为常数的漫反射光,并用一个常数来表示其强度。这样,Lambert 漫反射光照模型可以写成

$$I = k_a I_a + k_d I_l \cos\theta \qquad 0 \leqslant \theta \leqslant \frac{\pi}{2} \qquad k_a + k_d < 1 \tag{5-3-2}$$

其中 I_a 为入射的泛光的光强,k_a 为表面对泛光的漫反射系数($0 \leqslant k_a \leqslant 1$)。在简单光照模型中,$I_a$ 和 k_a 通常取为常数。

设两个物体对光源有相同的朝向,但与光源距离不同,若按上面的光照模型计算两个物体表面的反射光强,则所得结果相同。这时如果两个物体部分重叠,就难以分辨它们。众所周知,某处的强度与该点离光源的距离平方成反比。即物体离光源愈远,显得愈暗。但若光源位于无穷远处,则任意一个物体与光源的距离均为无穷大。这时,如将上述光照模型中的漫射项调整成与光源距离的平方成反比,则因该项恒为零而失去意义。若对画面施加一个透视变换,则透视点离物体的距离 d 可用做漫射项中的比例常数。然而当透视点离物体很近时,$\frac{1}{d^2}$ 变化甚快。这将导致两个具有几乎同样距离的物体其光强存在显著差异。为了得到更真实的结果,图形学中采用经验模型来模拟点光源的距离衰减效果。常用的模型如线性衰减模型,这时,Lambert 漫反射模型可以改写为:

$$I = k_a I_a + \frac{k_d I_l \cos\theta}{d + k} \tag{5-3-3}$$

其中 k 为一任意常数。

从实验结果来看,Lambert 漫反射模型用来模拟理想漫射表面(如石灰粉刷的墙壁、纸张等)的光亮度分布是可行的。但对表现诸如金属材料制成的物体表面的光度分布时,则显得非常呆板,没能表现其特有的光泽,其主要原因是该模型没有考虑这些表面的镜面反射效果。

2. Phong 模型

镜面反射在日常生活中随处可见,当一个点光源照射一个金属球面时,会在球面上形成一块特别亮的"高光"(Highlight)区域,这是光源在金属球面上产生的镜面反射光投射到观察者眼中的结果。与漫反射光不同,镜面反射光在空间的分布具有一定的方向性,它们朝空间一定方向汇

聚,故表面上高光区域的位置随着观察者的方位不同而变化。

1973 年,Phong 提出了一个用来计算表面镜面反射光亮度的经验模型,即

$$I_s = I_l W(\theta) \cos^n \alpha \tag{5-3-4}$$

其中 $W(\theta)$ 为景物表面的镜面反射率,它是入射角 θ 和入射光波长的函数。在实际使用时,往往将 $W(\theta)$ 取为常数 k_s,通常 $0 \leqslant k_s \leqslant 1$。$n$ 称为镜面高光指数,它被用来模拟镜面反射光在空间的会聚程度。α 为视线与镜面反射光之间的夹角,I_s 即为表面投向视线方向的镜面反射光亮度。

将 Phong 关于镜面反射光的经验模型与 Lambert 漫反射模型结合起来,就可得到在单一光源照射下的 Phong 光照模型的表达式:

$$I = I_a k_a + k_d I_l \cos \theta + k_s I_l \cos^n \alpha \tag{5-3-5}$$

考虑到入射光的距离衰减效应,可得到在多个点光源照射下表面光亮度计算的 Phong 模型:

$$I = I_a k_a + \sum_{i=1}^{M} f_i I_{li}(k_i \cos\theta_i + k_s \cos^n \alpha_i) \tag{5-3-6}$$

其中 M 表示对场景有贡献的点光源的总个数。

Phong 模型实际上是一个纯几何的模型,一旦光源颜色及景物表面反射率得到确定,则从景物表面上可见点 P 处到达观察者的反射光亮度 I 仅与光源入射角 θ 和视线与镜面反射方向的夹角 α 有关。

Phong 模型具有以下明显的特点:

(1)光源被假设为理想点光源,且不考虑其辐射光强的空间分布。

(2)除了曲面的法向量外,曲面的所有几何信息均不予考虑。这相当于将光源和视点均置于无穷远处。

(3)表面漫反射光亮度和镜面反射光亮度均被认为是对光源入射光的直接反射,且相互独立。

(4)表面镜面反射光亮度由经验模型来模拟。但当该光亮度达到显示器所能显示的最高色度时,其变化将被裁剪掉。

(5)用镜面高光指数 n 来模拟景物表面的光滑程度。镜面高光指数 n 的变化可使光源看上去变大或变小。

(6)镜面反射光的颜色被假定成光源的颜色,而与表面材料属性无关。

(7)周围环境对景物表面的影响,即环境光,被假设为一常数。

以上 7 点,即为 Phong 模型特点,在一定意义上也可说是它的缺点。由于这些特点,复杂光照的计算可以大大简化,但它亦使得 Phong 模型所生成图形的真实感程度受到严重的影响。

三、CAD 建模的基本方法

计算机图形的生成与图板上手工绘图不同,必须先建立图形的数学模型和存储数据结构,通过有关运算,才能把图形储存在计算机中或显示在计算机屏幕上。正是由于工程信息的数字化过程,才使得 CAD 的各个环节(设计、分析计算、工艺规划、数控加工、生产管理,即 CAD/CAE/CAPP/CAM 等)能够使用同一个产品数据模型,共享信息,从而实现 CAD/CAPP/CAM/ 系统的集成。用计算机除了能绘制二维图形以外,还可以生成真实感图形和动态图形,从而实现对实物的仿真。

在 CAD 建模的方法中常用的是自由曲线模型,所谓自由曲线通常指不能用曲线、圆弧和二

次圆锥曲线描述的任意形状的曲线,自由曲线常用的形成方法有逼近和插值等方法。随着计算机技术的发展,自由曲线在机器人轨迹规划、航空航天、汽车、船舶、模具、纺织品等流线型表面设计方面得到了广泛的应用。特别是非均匀有理 B 样条(NURBS),不仅能把规则物体和自由形状物体用统一的数学模型表达,而且能精确地表示而不只是逼近规则形状的物体,从而为 CAD/CAPP/CAM 建立统一的几何模型提供了基础。

自由曲线的参数表达方法主要有 Bezier 曲线、B 样条曲线和 NURBS 曲线等表达方法。

1. Bezier 曲线

在空间给定 $n+1$ 个点 P_0、P_1、P_2、$\cdots P_n$,称下列参数曲线为 n 次 Bezier 曲线:

$$P(t) = \sum_{i=0}^{n} P_i B_{i,n}(t) \qquad\qquad 0 \leqslant t \leqslant 1 \tag{5-3-7}$$

其中,$B_{i,n}(t)$ 是 Bermstein 基函数,即

$$B_{i,n}(t) = C_n^i t^i (1-t)^{n-i}, C_n^i = \frac{n!}{i!(n-i)!} \quad i = 0,1,\cdots,n \tag{5-3-8}$$

一般称折线 $P_0 P_1 P_2 \cdots P_n$ 为 $P(t)$ 的控制多边形,称 P_0、P_1、P_2、$\cdots P_n$ 各点为 $P(t)$ 的控制顶点。

Bezier 曲线 $P(t)$ 与其控制多边形的关系如图 5-2 所示。

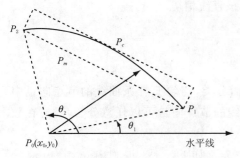

图 5-2　Bezier 曲线与控制多边形的关系

其中,控制多边形 $P_0 P_1 P_2 \cdots P_n$ 是 $P(t)$ 大致形状的勾画,$P(t)$ 是对 $P_0 P_1 P_2 \cdots P_n$ 的逼近。

Bezier 曲线的特征主要有:

(1) 起点、中间控制点、终点依次连成折线,起止点切线与折线相切。

(2) 当控制点较多(一般在四点以上),且位于起止点连线两侧可以分段拟合,在衔接处具有相同的切矢量。

(3) 中间控制点不宜过多。

其控制曲线如图 5-3 所示。

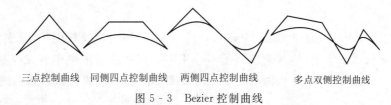

三点控制曲线　同侧四点控制曲线　两侧四点控制曲线　　　多点双侧控制曲线

图 5-3　Bezier 控制曲线

2. B 样条曲线

设 P_1、P_2、$\cdots P_n(n \geqslant k)$ 为给定空间的 n 个点,$T = \{t_i\}\{t_i \leqslant t_{i+1}, i = 0 \pm 1, \pm 2, \cdots\}$ 为参数 t 轴上的一个分割,称下列参数曲线:

$$P(t) = \sum_{i=1}^{n} P_i B_{i,k}(t) \qquad\qquad t_k \leqslant t \leqslant t_{k+1} \tag{5-3-9}$$

为 k 阶(或 $k-1$ 次)B 样条曲线,其中 $B_{i,k}(t)$ 为 k 阶 B 样条基函数,且有

$$B_{i,1}(t) = \begin{cases} 1 & t_i \leqslant t \leqslant t_{i+1} \\ 0 & \text{其他} \end{cases}$$

$$B_{i,k}(t) = \frac{t - t_i}{t_{i+k} - t_i} B_{i,k-1}(t) + \frac{t_{i+k} - t}{t_{i+k} - t_{i+1}} B_{i+1,k-1}(t), \qquad -\infty < t < +\infty \qquad (5\text{-}3\text{-}10)$$

上述递推关系中如遇分母为零,则取其结果为 0。称折线 $P_1 P_2 \cdots P_n$ 为 $P(t)$ 的控制多边形,点集$\{P_i\}$ 为 $P(t)$ 的控制顶点,t_i 为节点,T 称为节点向量。

B 样条曲线与 Bezier 曲线类似,但不受控制点数目限制,具有局部造型性,通常为三次 B 样条曲线,如图 5-4 所示。

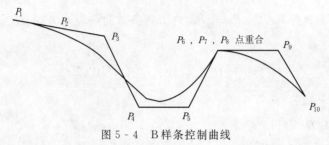

图 5-4 B 样条控制曲线

B 样条的特征有:

(1) 四个相邻控制点在同一直线上,则拟合的曲线为直线。

(2) 三个相邻控制点重合,则拟合的曲线经过该控制点。

(3) 三个相邻控制点在同一直线上,则拟合的曲线与该直线相切。

(4) 曲线具有二阶连续。

3. 非均匀有理 B 样条(NURBS)曲线

B 样条曲线可以按节点向量中节点的分布情况不同而分类,均匀 B 样条曲线的节点向量中的节点沿参数轴均匀或等距分布。一般非均匀 B 样条曲线的节点向量可以任意分布,只要在数学上成立即可。

一条 k 阶($k-1$ 次)非均匀有理 B 样条(NURBS)曲线定义如下:

$$P(t) = \frac{\sum\limits_{i=1}^{n} w_i P_i B_{i,n}(t)}{\sum\limits_{i=1}^{n} w_i B_{i,n}(t)} \qquad (5\text{-}3\text{-}11)$$

其中,$P_i(i=1,2,\cdots,n)$ 为控制顶点,$w_i(i=1,2,\cdots,n)$ 称为权或权因子,分别与控制顶点相联系。其中首、末权因子大于零,其余权因子不小于零。控制顶点按顺序连成控制多边形,其节点向量一般是非均匀的。当所有权因子均为 1 时,NURBS 曲线就成为 B 样条曲线。

第四节 图像学基础

一、图像的基本概念

图像可粗分为两大类:位映像图像和向量图像。为简单起见,可把位映像图像看成是由点构成的矩阵(简称点阵)。对于单色位映像图像或打印机输出的图像而言,矩阵中的每个点要么为 1

要么为 0(1 代表黑、0 代表白,或相反)。在图形学中,把矩阵中的点称为像素(pixel)。

位映像图像根据彩色数分为以下四类:单色图像、具有 4～16 种彩色的图像、具有 32～256 色的图像和 256 色以上的图像。也可把这四类图像称为单色图像、低彩色分辨率图像、中等彩色分辨率图像和高彩色分辨率图像。

在讨论位映像图像的彩色时,通常用保存彩色信息所需的位数来定义彩色数。把单色图像称为是 1 位图像,这是因为图像中的每个像素仅需 1 位信息;把 16 色图像称为是 4 位彩色图像,这是因为图像中的每个像素需 4 位信息。由于 4 色图像和 8 色图像不太常用,所以一般也就用不到"2 位彩色图像"和"3 位彩色图像"。在 PC 机上,常见的图像是 256 色图像,也称 8 位彩色图像。256 色图像有照片效果,比较真实。另外一种具有全彩色照片表达能力的图像为 24 位彩色图像,由于彩色的种类很多,每个像素需 24 位,使得彩色图像所需的存储空间很大。

在计算机里,可视信息是以一个大的比特(bit)阵列的形式存放的,图像上的每一个点对应计算机存储器内的一个或多个比特,以这种方式存储或显示的图像叫位图图像,或简单地称之为位图。通过改变计算机缓冲区各位的状态,可以控制显示的内容。显示硬件解释显示缓冲区的内容,从而在显示器屏幕上显示图像。

接下来介绍彩色图形编程的各种细节。首先,必须掌握基于调色板的显示方式的基本原理。当使用各种不同的显示模式时,软件把一个颜色编号放在与像素对应的计算机内存。在双色模式中,颜色编号只能取两个值:0 或者 1,通常 0 代表黑色,1 代表白色(如果所用的显示器使用的是有颜色的荧光粉,则可能是淡黄色或绿色)。由于每个像素的颜色仅依赖于一个信息位,因此,这种颜色也叫"1 比特"颜色。

对于更复杂的颜色,要经过两步才能真正显示屏幕上每个像素的颜色。首先,软件把颜色编号放在与像素对应的计算机内存。在 16 色模式中,颜色的编号可以是 0～15 间的任一个值,由于存储 16 种不同的颜色需要 4 个信息位,所以 16 色模式叫"4 比特"模式。同样,在 256 色模式中,每个像素颜色编号的取值可高达 255,要存储像素的颜色需 8 个信息位。为了确定每个颜色编号所对应的真实颜色,显示硬件要参考调色板的颜色值。调色板是一组独立于各个像素颜色编号存储区的视频存储区。调色板中的颜色值指定了屏幕上像素的红、绿、蓝三个基色的混合比例,屏幕上的每个像素对应一个颜色号。不同的像素的颜色对应不同的调色板颜色值。

存储调色板上每种颜色所需的准确位数取决于显示硬件,例如,在 EGA 调色板上的每种颜色值有 6 个比特,2 比特用于红色,2 比特用于绿色,2 比特用于蓝色。颜色在经过图像处理软件的数字化处理之后,转变成了数字的形态,即由一个一个的位(bit)所组成,位中存储颜色的情况如下:

1 位 2 种颜色

2 位 4 种颜色

4 位 16 种颜色

8 位 256 种颜色

16 位 65536 种颜色

……

通常所称的标准 VGA 显示模式是 8 位显示模式,即在该模式下能显示 256 种颜色;而高彩色(hi color)显示模式是 16 位显示模式,能显示 65536 种颜色,也称 64K 色;还有一种真彩色(true color)显示模式是 24 位显示模式,能显示 1677 万种颜色,也称 16M 色,是目前为止 PC 机所能达到的最高颜色显示模式,在该模式下真彩色图像的色彩已和高清晰度照片没什么差别了。

在图像文件的存储格式中也是以位来存储颜色的。由于图像文件的存储格式非常多,这里仅以 TRUEVISION 公司设计的 32 位 TGA 文件格式为例简单说明。在该种格式文件中,32 位被分为两部分,其中 24 位是颜色部分,另外 8 位是 ALPHA 值部分,记录着 256 级灰度,用以加强真彩色的质量。

计算机屏幕上的每一个像素对应内存中的一个数值,显示硬件解释该数值,以产生实际的色点。屏幕上像素的点数及颜色值决定了显示的解析度。屏幕上水平方向的像素个数叫水平解析度,垂直方向的像素个数叫垂直解析度,给定时间内在屏幕上能够同时显示的颜色数叫颜色解析度。尽管从技术上来讲,解析度既包括尺寸解析度又包括颜色解析度,但通常所指的都是尺寸解析度,只在技术领域描述时,解析度应包括颜色解析度的含义。

从支持 720×438 的双色模式的大力神图形适配器,到支持 1024×768 的 256 色或更高模式的 Super VGA 卡,每一种视频适配器都有所支持的最大解析度及颜色数。大多数的图形硬件都支持几种不同的显示模式,从而能够为某一应用程序在速度、解析度和颜色数之间找到一种最佳的平衡。

图形一般指用计算机绘制(draw)的画面,如直线、圆、圆弧、矩形、任意曲线和图表等;图像则指由输入设备捕捉实际场景画面产生的数字图像。数字图像通常有位图和矢量图形两种表示形式。

位图图像(bit-mapped-graphics 或 raster graphics),以记录屏幕上图像的每一个黑白或彩色的像素来反映图像。每一个像素有特定的位置和颜色值。位图适用于具有复杂色彩、明度多变、虚实丰富的图像,例如照片、绘画等。使用位图格式的绘画程序叫做位图绘画程序,例如 Adobe Photoshop。它以与屏幕相对应的存储位来记忆和处理图像。把图形作为点的集合,是绘画程序应用的典型文件格式。位图图像依赖于解析度,放大或以高清晰度打印时,容易出现锯齿状的边缘。像素的多少决定文件的大小和图像细节的丰富程度。

位图图像由数字阵列信息组成,用以描述图像中各像素点的强度与颜色。位图适合于表现含有大量细节(如明暗变化、场景复杂和多种颜色等)的画面,并可直接、快速地在屏幕上显示出来。位图占用存储空间较大,一般需要进行数据压缩。为了便于位图的存储和交流,产生了种类繁多的文件格式,常见有 PCX、BMP、DLB、PIC、GIF、TGA 和 TIFF 等(参见本章第二节内容)。

矢量图形(vector graphics)的特点是,绘画程序中物体定位、形体构造建立在以数学方式记录构件(图形元素)的几何性质上,例如直线、曲线、圆形、方形的形状和大小。它不是记录像素的数量,在任何解析度下输出时都同样清晰。例如 Adobe Illustrator 就是使用这种格式的软件。矢量格式更适合于以线条物体定位为主的绘制,通常用于计算机辅助设计(CAD)和工艺美术设计、插图等。使用物体定位绘画程序可以把特定物体作为一组,单独改变线条的长度,放大或缩小原形、移动和重叠。但是在屏幕上显示的时候,由于监视器的特点,矢量图也是以像素方式来显示的。

矢量图形用一组指令集合来描述图形的内容,这些指令用来描述构成该图形的所有直线、圆、圆弧、矩形、曲线等图的位置、维数和形状。在屏幕上显示矢量图形要有专门软件将描述图形的指令转换成在屏幕上显示的形状和颜色。用于产生和编辑矢量图形的程序通常称为 Draw 程序。这种程序可以产生和操作矢量图形的各个成分,并对矢量图形进行移动、缩放、旋转和扭曲等变换;使用矢量图形的一个很大的优点就是容易进行这类变换。但是,用矢量图形格式表示复杂图像(如人物或风景照片)的开销太大,因此矢量图形主要用于表示线框型的图画、工程制图、美术字等。绝大多数 CAD 和 3D 造型软件使用矢量图形作为基本的图形存储格式。

矢量图的优点在于它在任何解析度下输出时都同样清晰。通常情况下看起来好像位图文件的色彩更饱满一些,但经过放大后它就会显示出色点,而矢量图经过放大后,清晰度不会产生太大变化,这一点是矢量图像和点阵图像的主要区别,所以为了保持放大后的效果,很多点阵图像通常是先转化成矢量图像,再进行放大或缩小的处理。

二、图像的增强处理

图像增强的目的是采用某种技术手段,改善图像的视觉效果,或将图像转换成更适合于人眼观察和机器分析识别的形式,以便从图像中获取更有用的信息。图像增强的算法与感兴趣的物体特性、观察者的习惯和处理目的相关,因此,图像增强算法的应用具有针对性,并不存在通用的增强算法。

1. 图像的锐化

在图像系统中由于摄影系统的聚焦不良和信号传输系统信号频带过窄,造成图像中目标轮廓的模糊是不可避免的。图像的模糊实际上是由于频率高的空间频率成分低于频率低的空间频率成分而造成的,这一影响表现于均匀灰度区域间的边界部分(边缘),如图 5 - 5 所示。因此要消除模糊,必须增强图像中频率高的空间频率成分,即进行图像的锐化(或细微层次强调)。

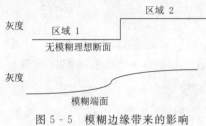

图 5 - 5　模糊边缘带来的影响

图像锐化(image sharpening)是一种使图像的信息易于人们观察的图像质量改善方法,从数学角度上讲就是对图像进行微分化处理。在图像中,边缘是由灰度级和相邻域不同的像素点构成的。因而,若想增强边缘,就应该突出相邻点间的灰度级变化。微分运算可用来求信号的变化率,因而具有加强高频分量的作用。如果将其应用在图像上,可使图像的轮廓清晰。由于常常无法事先确定轮廓的取向,因而挑选用于轮廓增强的微分算子时,必须选择那些不具备空间方向性的和具有旋转不变的线性微分算子。用这种方法可以去掉引起图像质量劣化的原因之一"模糊",并把图像变得轮廓分明。卷积可以看成是加权求和的过程,卷积用一个很小的矩阵来表示,矩阵的维数为奇数,该矩阵体现在程序中就是模板概念,区域中的每个像素分别与模板中相应的元素相乘,相乘之和即为区域中心像素的新值,例如一个 3×3 的区域 A 和模板 P 卷积后,区域 A 的中心像素 $A5$ 像素值表示为:

$$A_5 = \sum_{i=1}^{9} A_i \cdot P_i \tag{5-4-1}$$

其中 $A = \begin{bmatrix} A_1 & A_2 & A_3 \\ A_4 & A_5 & A_6 \\ A_7 & A_8 & A_9 \end{bmatrix}$　　　$P = \begin{bmatrix} P_1 & P_2 & P_3 \\ P_4 & P_5 & P_6 \\ P_7 & P_8 & P_9 \end{bmatrix}$ $\tag{5-4-2}$

不同的模板可以得到不同的效果,一般采用 3×3 矩阵作为模板。在采用模板操作时必须解决两个问题,一是边界点问题,通常可以忽略第一列和最后一列像素的操作,或者直接进行边界像素的拷贝;二是越界问题,必须保证中心像素点的各分量在 0~255 范围。

锐化的常用模板如下:

$$\begin{bmatrix} 0 & -1 & 0 \\ -1 & 5 & -1 \\ 0 & -1 & 0 \end{bmatrix}, \begin{bmatrix} -1 & -1 & -1 \\ -1 & 9 & -1 \\ -1 & -1 & -1 \end{bmatrix}, \begin{bmatrix} 1 & -2 & 1 \\ -2 & 5 & -2 \\ 1 & -2 & 1 \end{bmatrix}, \begin{bmatrix} -1 & -2 & -1 \\ -2 & 19 & -2 \\ -1 & -2 & -1 \end{bmatrix}$$

2. 图像平滑

在输入图像的过程中,图像可能受到各种噪声源的干扰,混入各种高频噪声、光电转换过程中的噪声、照片颗粒噪声和信息传输中的误差等,从而不能保证正确地求出数字图像的密度信息。要求得出正确的图像信息则必须消除噪声。此外在印刷的彩色复制过程中为了保证诸如肤色、丝绸质感之类的复制及艺术再现需要,亦需要图像平滑、柔和、降低锐度。因此这种消除图像的噪声及满足彩色复制等特殊需要的方法,在图像处理中称为图像平滑。亦即采用依据小区域平均化方法的滤波,从数学上讲就是采用一种能够除去高频成分性质的积分运算。图像平滑亦分为空间域处理和频谱域处理两种。主要有邻域平均法、低通滤波法和多图像滤波法等,本节主要介绍邻域平均法。

邻域平均法是一种在空间域上对图像进行平滑处理的最常用方法。该方法的核心是求出图像中以某点为中心的一个邻域范围内的图像像素之平均值,并以此平均值来作为该中心点的灰度值,假定一幅 $N \times N$ 个像素的图像 $f(x,y)$,平滑处理后得到一幅图像 $g(x,y)$,则:

$$g(x,y) = \frac{1}{M} \sum_{(m,n) \in S} f(m,n) \tag{5-4-3}$$

式中:S 是 (x,y) 点邻域中心的点的集合,但是其中不包括 (x,y) 点,M 是集合内点的总数。一般的邻域有四点邻域和八点邻域,八点邻域效果要好于四点邻域。和锐化一样,采用模板来设计算法。

图像平滑的模板大致有以下几个:

$$\begin{bmatrix} 1 & 1 & 1 \\ 1 & 1 & 1 \\ 1 & 1 & 1 \end{bmatrix} \text{算子核 } z=9, \quad \begin{bmatrix} 1 & 1 & 1 \\ 1 & 2 & 1 \\ 1 & 1 & 1 \end{bmatrix} \text{算子核 } z=10, \quad \begin{bmatrix} 1 & 2 & 1 \\ 2 & 4 & 2 \\ 1 & 2 & 1 \end{bmatrix} \text{算子核 } z=16,$$

三、图像处理技术在纹织 CAD 中的应用

纹织 CAD 系统从本质上来讲就是把计算机技术与纺织工艺处理相结合的产物。因此图像处理技术在纹织 CAD 系统中有着广泛的应用。

1. 图像分色

纹样通过扫描分色输入到计算机,每一个像素用 R、G、B 三基色来表征,R、G、B 量化等级一般有 256 级。实际纹样通常由几种或十几种颜色绘制,因此必须进行颜色识别(即分色处理)。分色有手动分色和自动分色。手动分色通过手动方式设定颜色样本,然后把纹样某一像素的 R、G、B 值与这些颜色样本的 R、G、B 值进行比较,以接近度为原则确定该像素属于哪一类颜色。自动分色采用聚类分析的方法,分析时,首先要确定颜色样本集合,通常把纹样图像中所有不同颜色作为颜色样本集合,用逐步聚类法对颜色样本集合聚类分析,以得到颜色样本模式,然后对所有像素进行颜色识别。

基于直方图的分色,这种算法是在彩色图象去噪音之后,统计各种颜色出现的频率,选取频率最高的 N 种颜色作为颜色空间的基准色,其它的颜色均向最接近的基准色靠拢。基准色 N 可

以由人工指定,也可以由智能算法自动确定。

2. 散点处理

(1)橡皮擦的方法:定义一个以当前光标为中心的矩形区域,这个区域随光标移动而移动,确定要去除的杂色点的颜色。当光标移动时,矩形区域覆盖范围的杂色点被周围像素的颜色取代。

(2)局部换色法:首先选择一定图像范围,通常为长方形区域或多边形区域。该区域内包含有过渡色和杂色点,用鼠标确定要去除的色块及更换后的颜色,然后在区域内逐点搜索更换。

(3)带彩色容限连通区域算法:在图形重构时,把相邻区域的并且在颜色空间上较为接近的点的颜色都换成同一色,且这种彩色容限是可以控制的。这是一种高效的杂色点自动处理方法。

3. 浮雕和雕刻

指模拟浮雕和雕刻的效果。取图象上各点像素值的差,并加一个常数(比如128)置换图象上原有的像素值,则图像的平滑区域将变为中灰色调,并且从浅到深像素的转换将产生更亮的线,从深到浅的像素的转换将产生更暗的线。其结果是产生一个有灰色背景的图像,并且黑色和白色线沿着物体的边,这些线靠增加白色亮度和黑色阴影的方法创造了一个有深度的三维视觉效果,这种效果就是浮雕。其算法的主要思想如下:

$$pic(x,y) = pic(x,y) - pic(x-DeltaX, y-DeltaY) + 128 \qquad (5\text{-}4\text{-}4)$$

其中(x,y)为图像中的点,即图像中的每一个点等于它和邻近一点的差,再加上常数128。上述公式中用 $DeltaX$ 和 $DeltaY$ 控制浮雕中的"深度"因素。

雕刻效果类似于浮雕效果,在算法实现上,只要逆转减法的次序就可达到这个效果,即

$$pic(x,y) = pic(x,y) - pic(x+DeltaX, y+DeltaY) + 128 \qquad (5\text{-}4\text{-}5)$$

4. 膨胀与腐蚀

膨胀(dilation)与腐蚀(erosion)是属于数学形态学的范畴,膨胀的作用是把图像周围的背景点并合到物体中,如果两个物体之间距离比较近,那么膨胀运算能使2个物体连通在一起。膨胀对填补图像分割后物体的空洞很有用。腐蚀的作用是消除物体边界点,如果2个物体之间有细小的连通,那么可以通过一定的腐蚀运算将2个物体分开。

第六章　纹织 CAD 花型设计

大提花织物花样图案的设计方法主要有全新设计、根据已有的花样图案设计以及根据已有的布样设计这三种方法。

提花织物的纹样大多都是由"四方连续"来构成的，所谓的"四方连续"就是指一张纹样可以上下左右四方无限地连接出去，且连接处实现自然的过渡，俗称"接回头"，最后所设计的纹样就是指一个循环的纹样。

纹样有着美化织物的作用，而织物是衣着、寝具、室内装饰等生活必需品，因此纹样具有实用的特性。此外纹样还要经过意匠、轧纹板、装造、织造等一系列的工艺手段才能织出织物来，因此纹样还受工艺条件的制约。纹样能传达设计者的种种感情，设计者可以通过设计将花鸟鱼虫等各种图案采用图案的艺术语言在织物上表达出来，也可以表达设计者的审美观点。

提花织物的设计包括品种工艺设计和花色纹样设计两部分。纹样设计的步骤依次为纹样大小设计、纹样题材选择、纹样构图设计、确定纹样描绘方法、草稿和正稿绘画。下面依次说明：

一、纹样大小设计

纹样的大小与织物组织以及机器的装造有很大的关系，纹样大小的设计方法如下：

纹样宽度＝成品内幅/花数

纹样长度＝纹板数/纬密

纹样的宽度受织机纹针数的限制，而纹样的高度设计自由度则要大的多。当使用传统的机械式提花机织造时，由于纹帘不能过长，所以纹板的长度也不能过长，而电子提花机的纹样长度则可以是随意的，我们完全可以根据品种的图案风格来确定。

二、纹样题材选择

纹织物的图样题材的选择是十分丰富的，设计者可以巧妙的利用各种生活中的题材来构成各式各样的图案。纹样的图案主要有自然对象纹样（如植物花卉、动物、风景人物等）、民族传统纹样（如水纹、云纹、古器皿、琴、棋、书、画等）、外国民族纹样（如波斯纹样等）、几何图案纹样（方形、圆形、多角形、曲线等）、器物造型纹样（如日用品、生产工具、文娱用品等）、文字纹样（如汉字、外文、阿拉伯数字等）。

纹样的风格也是一个很重要的问题，所谓风格就是指图案表现的形式感，这种形式感主要由题材、构思、着色处理手法、造型表现法、形式表现法等五个因素构成。风格是复杂多变的，每幅作品的风格与设计者本身审美观点有很大的关系。

三、纹样的构图设计

纹样的构图设计主要分为纹样排列、布局、花型大小和纹样接回头方式设计四个部分。

1. 纹样的排列

主要有散点排列（即多个图案有规律地零散分布在纹样中）、条格形排列（以横条、直条、方格等形式排列纹样）、连缀排列（纹样相互连接或穿插图案）、重叠排列（将两种或两种以上的纹样重叠在意匠图上）、单独排列（在纹样中安排一朵独花）、不规则排列（花纹散乱分布在图案中）。

2. 纹样的布局分类

（1）按花纹所占的面积分

清地（空地面积占整个纹样的 3/4 以上，花纹面积占 1/4 以下）、混满地（空地面积占整个纹样的 1/2，花纹面积占 1/2）、满地（空地面积占整个纹样的 1/4 以下，花纹面积占 3/4 以上）。

（2）按整幅纹样布局分

多花纹样（织物循环内重复排列数副花纹）、独花自由纹样（织物为整幅的全自由图案）、大对称纹样（织物门幅内左右两侧图案呈轴对称状）、自由中心＋大对称纹样（织物内中间为自由独花，两侧为左右对称图案）。

3. 花型分类

花型分类即根据花型的大小将花纹分为大中小型。

服用织物：大型花纹（花型长度≥7cm）、中型花纹（3cm＜花型长度＜7cm）小型花纹（花型长度≤3cm）。

装饰织物：大型花纹（花型长度≥12cm）、中型花纹（5cm＜花型长度＜12cm）小型花纹（花型长度≤5cm）。

4. 接回头

在提花织物中常用的有四方接回头的接回头方式，四方接回头又有平接和跳接两种接回头方法。

四、纹样表现手法和绘画技巧

由于不同的纹织物各有特性，所以在绘画时的表现手法也应该有所不同。例如纬密较小的织物，应该采用大小适中的花型以块面处理为主。对于容易产生病疵的纹织物宜采用细线和小花纹嵌地。对于纹样的表现手法主要有写实表现、写意表现以及变形加工表现三种表现手法。

同时，在纹样的绘画时也有一定的技巧，我们可以采用块面平涂及平涂勾边、线条处理、不规则点子画法、影光处理、塌笔处理、燥笔处理、反地画法等方法来绘画。

五、纹样在 Jcad 中的输入方法

在 Jcad 中纹样的输入主要采用的有图样的直接调入法以及通过扫描的方法输入纹样。

1. 直接调用图像法

Jcad 中使用的有效的图像文件（即最后用来做工艺处理的图象文件）是后缀名为 XY 的图像文件，我们通常所说的小样文件也就是指的 XY 文件。但在 Jcad 中也是可以直接调用后缀名为 BMP 的位图文件的。使用时先在 Jcad 中打开文件，然后在"文件类型"中选择后缀名为 BMP 的

文件格式就可以直接打开 BMP 类型的文件了,选中图像之后再经过选色、分色处理,就可以将图象另存为后缀名为 XY 的文件了,最后在小样参数中根据织物的上机规格正确的设定经纬密以及一个花园的经纬线数之后就可以进行修改以及工艺处理了。除了可以直接调用 BMP 类型的位图文件之外,还可以使用 Jcad 文件菜单中的引入图像文件功能引入一些其它类型的文件(主要有后缀名为 TIF、JPG、JPEG、YJ、EMF、WMF 等多种类型的文件),在引入这些文件之后也需要经过选色、分色等处理过程,再将文件另存为 XY 文件,修改小样参数之后就可以进行图像修改以及工艺处理了。如果在使用 Jcad 的过程中需要调用一些在 Jcad 中所没有的格式的图像文件时,可以通过一些其它软件(如 ACDS、PHOTOSHOP 等)将这些文件先转换为 Jcad 所能识别的图像文件类型(很多看图软件以及图像编辑软件都支持 BMP、TIF 等类型的文件),然后在 Jcad 中就可以打开这些文件了。

2. 扫描输入法

所谓的扫描输入法也就是将画稿、图样、织物实样等通过扫描仪(或数码相机等其它的图像输入设备)直接扫描输入计算机中,然后再选色、分色就可以绘图以及设计工艺了。

扫描前应该首先确定需要扫描的范围的大小(即一个花回的大小),此范围有大有小,对于比较小的图像或布样可以一次扫描完成,而大一些的图像或布样则需要扫描多次后再进行拼接处理。扫描前还要确定纹样的经纬密以及一个花回的经纬线数。在确定以上的一些要素之后就可以进行扫描了,扫描的步骤如下:

(1) 将织物按经向垂直、纬向水平的方向,正面向下放入扫描仪中,然后打开 Jcad 软件。

(2) 点击扫描界面中的预览功能,使放入扫描仪中的图像或布样能在电脑中预览出来,在预览界面中观察图像或布样是否放正,如果没有放正,则重新调整图像或布样,然后再重新预览,重复以上步骤,直到图像或布样放正为止。

(3) 确定图像或布样循环的大小:可直接拉动扫描界面中的扫描范围框来确定要扫描范围的大小,也可以在扫描范围输入框中直接输入要扫描的范围的大小。对于大的图像或布样要进行多次的扫描。

(4) 分辨率的确定:根据织物的经纬密可以分别确定织物经纬向的分辨率。

经向分辨率=织物经密(根/cm)×2.54

纬向分辨率=织物纬密(根/cm)×2.54

分辨率确定之后就可以将经纬向的分辨率分别输入扫描仪的经纬向分辨率的对话框之中了。有的扫描仪只需要填一个分辨率,则一般填入经向的分辨率就可以了。如果最后算出的分辨率太小而影响织物的扫描效果,可以采取将经纬向的分辨率同步扩大的办法来扫描。

(5) 扫描范围及分辨率确定好之后,只需要点扫描就可以将确定的范围扫描入计算机了。

扫描好之后,将扫描的图像进行选色以及分色,再对分好色的图样进行小样参数修改,将小样参数中的经纬密以及经纬线数修改正确之后就可以绘图和设计工艺了。在确定了提花织物的纹样风格以及一些相关的参数之后,首先将纹样调入或输入 Jcad 之中,经过选色分色之后,就可以对图像进行编辑修改。

在对图像进行修改之前,应该首先在 Jcad 中修正织物的经纬密及经纬线数。对于单层织物而言,经纬密以及经纬线数就是织物本身的经纬密和经纬线数。如果织物为重经重纬或双层及多层织物的话,则设定的经密为织物的总经密(毛巾、地毯等多造织物除外),纬密则设定为织物的表纬密,经线数为织物一个循环的总经线数(毛巾、地毯等多造织物除外),纬线数则为织物一个循环的表纬线数。

当将织物的小样参数修改好之后,就可以进行图样的修改了。在图样的修改过程中,应该熟练的应用 Jcad 中的一些绘图功能以及其它的辅助绘画功能,这样不仅能使我们在编辑图象的过程中省时省力,而且还能设计出丰富多彩的纹样来。有关 Jcad 中这些工具的具体应用可以参考提花织物 CAD 概述一章。

还可以利用其它一些绘图设计软件(photoshop、coredraw 等)来进行图象的设计与修改。

六、花型设计相关因素

在进行提花织物花型设计的时候,还应该了解一些与花型设计相关的因素对花型所产生的影响,这样才能够保证设计出的花型适应不同的人群及用途。

1. 织物组织对花型的影响

织物上的图案主要是通过经纬线之间颜色的搭配以及不同的组织效果来体现的,通过经纬线颜色的搭配来体现图案是最基本的,但是如果同时配以适当的组织的话,会使花型更加丰富多彩。

对于底组织为平纹的织物来说,其花组织一般为经面缎纹或纬面缎纹组织,由于平纹组织经纬线之间的交织点数和缎纹组织经纬线之间的交织点数相差比较大,所以在做这类织物时,花纹块面不要太大,且花纹在整个图案中的分布要比较均匀,这样才能够避免由于花、地组织交织点数的差异而造成的织物经线张力不匀的毛病,花纹与花纹之间的距离也不要太小,一般要在 3 纬以上,这样才能避免花纹边缘由于与平纹相连而模糊。如果花组织为平纹,则平纹花应该尽量少一些,只作为陪衬的花纹。

如果织物的底组织为斜纹,由于斜纹组织的交织点数与缎纹相仿,配花组织就比较自由了,花组织可以配任意的缎纹的花组织。且花在纹样中的布局也相对要自由的多。

如果织物的底组织为缎纹,则花组织一般配与底相反的缎纹组织(即底组织如果为纬面缎,则花组织配经面缎;底组织如果为经面缎,则花组织配纬面缎)。这样,在设计花纹时,就可以比较自由了。

2. 织物品种对花型的影响

我们设计的织物一般会有高档织物以及中低档织物之分,设计这些织物的纹样之前,首先应该对设计织物是高档还是中低档织物有一个详细的了解,只有这样才能设计出对路的产品来。

对于高档织物来说,一般要求其显示高贵典雅的一面,所以在设计这类织物的纹样时,一般应选择一些高贵典雅的题材,如植物中的玫瑰、牡丹;动物中的老虎、狮子等,还有一些具有鲜明民族及宗教特征的图案。此类织物的纹样一般不宜过于复杂花哨,应以简明为主。同时在色彩上一般不要采用一些具有强烈对比的颜色。

而对于中低档的织物来说,在设计其纹样时就没有太严格的要求了,一般只要根据织物需要销售的地区以及该地区的当前流行趋势进行纹样设计就可以了。

3. 织物用途对花型的影响

织物有很多的用途,但一般可以将其分为装饰用织物、服用织物以及产业用织物 3 大类。织物的用途不同,对其纹样设计的要求也是不同的。

对于装饰用织物,可以采用一些大花纹来设计,这样可以使织物看起来更大气。一般以花卉或动物图案为主。

服用织物的纹样一般不要太大,应以碎花为主,同时还要掌握当前的流行趋势,将流行的元素加入纹样的设计之中。

产业用织物的纹样设计一般没什么要求,只要设计的纹样顾客没有异议就可以了。

4. 色彩对花型的影响

纹样中花型的颜色应用也会对织物最后的风格产生很大的影响,我们对各种色彩的应用也要很熟悉,这样才能够设计出适合要求的不同织物来。

若设计的织物层次分明、布局均匀,则可以采用一些对比度强的颜色;若织物的花纹零乱,布局不匀,则采用一些相近的颜色。在织物中大块面的纹样上一般不采用鲜艳的颜色,而对于小块面的花纹可以采用鲜艳的颜色。由于各种色彩给人的感觉是不一样的,可以根据具体设计的纹样来确定所要用的主色调。这中间粉红、浅蓝等颜色给人轻松、活泼的感觉;黄色给人温暖、亲切的感觉;红色给人欢快的感觉,还有其它很多颜色都有不同的属性,应该对这些属性有一定的了解。

织物的组织不同,对色彩也是有不同的影响的。其中平纹由于交织点数很多,所以对色彩的影响也是最大的。而对于缎纹组织来说,要保持其颜色的纯洁度,所以经纬线的颜色一般取相同或相近的。斜纹组织是介于缎纹和平纹之间的,按照缎纹的颜色配置原则做就可以了。

除了以上的一些颜色对花型的影响之外,还应该了解当前的流行色趋势,了解产品销售地区民族的颜色喜好等。

5. 经纬密对花型的影响

在经纬密度小的织物上,一般设计一些块面比较大的花型,少用碎花图案。而在经纬密较大的花型上可以采用一些细线条、小块面的花型。

第七章 纹织 CAD 工艺设计

第一节 提花织物工艺处理

在设计好大提花织物的图样之后,接着便应该分析织物的组织、织物经纬纱的原料等一些和织物织造有关的参数,以便为后面的工艺处理工作打好基础。下面就织物工艺处理的具体操作进行详细的说明(在这之前要分析好织物的组织以及经纬用纱情况等)。

一、三原组织以及三原变化组织的生成以及保存

我们先对织物的组织进行分析,在确定织物的组织之后就可以将分析出的组织通过电脑中的生成组织功能或自己用画笔画出组织之后进行保存。

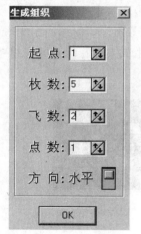

图 7 - 1 生成组织

其中工艺中的生成组织功能可以让我们很方便地生成一些三原组织或三原变化组织,下面就生成组织中的一些具体问题进行说明,以方便读者能够正确的生成已知组织(图 7 - 1)。

1. 组织飞数方向

首先确定需要生成的组织的飞数是水平方向的还是垂直方向的,如果是水平方向的,即表示分析的组织的飞数是横向的(沿纬线的方向);如果是垂直方向的,即表示分析的组织的飞数是纵向的(沿经线的方向)。

2. 组织起点

若选择水平,表示的是生成的组织中最上面一根纬线上的第一个经压点在第几根经线上(确定是第几根经线时是从左向右数的),若为经面组织则起点表示的是第一根纬线上从左向右数的最后一个纬压点后的经压点在第几根经线上。图 7 - 2 中的组织都表示选择水平后生成的组织,其中的 1 表示起点为 1 的纬面组织,2 表示起点为 4 的纬面组织,3 表示起点为 4 的经面组织,4 表示起点为 6 的经面组织。

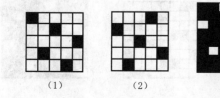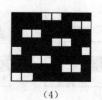

(1)   (2)   (3)   (4)

7 - 2 水平组织起点图

若选择垂直,则表示的是生成的组织中最左面一根经线上的第一个经压点在第几根纬线上(确定是第几根纬线时是从上向下数的),若为经面组织,则起点表示的是第一根经线上从上向下数的最后一个纬压点后的经压点在第几根纬线上。图 7-3 中的组织都表示选择垂直后生成的组织,其中的(1)表示起点为 1 的纬面组织,(2)表示起点为 4 的纬面组织,(3)表示起点为 4 的经面组织,(4)表示起点为 6 的经面组织。

3. 组织枚数

枚数是指需要生成的组织的一个循环的经纬线数,此处生成的组织经纬线数一定是相同的,如要生成一个 5 枚的组织则在其中输入 5,要生成一个 20 枚的组织则在其中输入 20 即可。

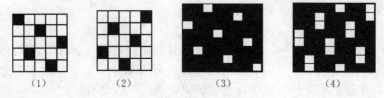

图 7-3 垂直组织起点图

4. 组织飞数

飞数就是指组织的飞数,如果选择的是水平则飞数就是指相邻的两根纬线上相同组织点之间的距离(数时方向为从右下角到左上角);如果选择的是垂直则飞数就是指相邻的两根经线上相同组织点之间的距离(数时方向为从左上角到右下角)。图 7-4 中的(1)表示水平方向飞数为 2 的纬面组织,(2)表示水平方向飞数为 5 的经面组织,(3)表示垂直方向飞数为 3 的纬面组织,(4)表示垂直方向飞数为 3 的经面组织。我们在生成组织时注意,如果是生成大提花织物的底组织,根据组织配置原则一般枚数和飞数是没有公约数的。

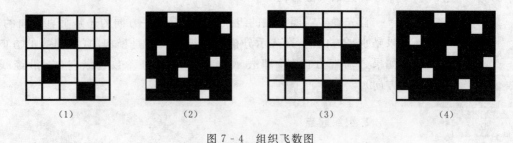

图 7-4 组织飞数图

5. 组织点数

点数指的是组织循环中每根经线或每根纬线上的经组织点的个数,点数是小于枚数的,当点数 < 枚数/2 时,称该组织为纬面组织;当点数 > 枚数/2 时,称该组织为经面组织。图 7-5 中(1)的点数是 1,(2)的点数是 3,(3)的点数是 2,(4)的点数是 7,其中的(1)、(3)是纬面组织,(2)、(4)是经面组织。

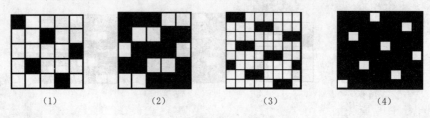

图 7-5 织物点数图

6. 生成组织

当了解了以上生成组织中的一些参数的具体含义之后,就可以根据自己的需要来生成具体的组织了,在生成组织的过程中应注意以下一些问题:

图 7-6　保存组织

①　电脑默认的方向为水平方向。

②　一般情况下根据组织配置的原则,枚数和飞数之间是没有公约数的。

③　点数是不能大于等于枚数的。

7. 保存组织

生成组织中的各个参数填好之后,按 OK 后组织就显示在右上角的当前组织图中了,如果不正确,还可以重复以上操作,生成正确的组织。在确定了组织是正确的之后,可以将该组织铺入小样之中,也可以保存该组织,保存时可以在右上角的当前组织图上单击鼠标右键,这时会显示如 7-6 的图示,这时选择"保存当前组织",跳出 7-7 的对话框,将需要保存的组织存入某个组织库。也可以自己建立一些新的组织库,存入生成的组织。在存组织时先在左上角选择要存入哪个组织库,然后在右上角的框中输入组织的名字就可以了,在给组织起名时可以自己根据实际情况任意起名,可以是数字、字母等,但在给规则组织起名时一般遵循以下原则(本书后面一些章节中的组织代号也遵循这些原则的):一般将规则组织起名为 X-Y-Z,其中的 X 表示组织的枚数,Y 表示组织的飞数,Z 表示组织的起点,如果在 Z 前加一个字母 J 的话则表示该组织为经面组织,不规则组织则根据自己的习惯命名。同样也可以用删除组织选项将一些没有用的组织从组织库中删除,另外组织库中的组织是按照数字和字母的顺序从前向后排列的。

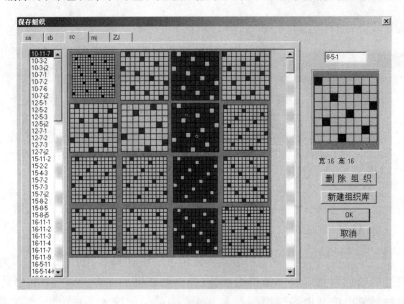

图 7-7　保存组织对话框

8. 做反组织

如果要保存和生成经纬组织点正好相反的组织,则生成组织后,在右上角的当前组织图中单击右键,选择反组织,则当前组织的经纬组织点会互换,然后再在当前组织图上单击右键选择保存当前组织即可。

二、不规则组织的生成以及保存

在大提花织物的实际设计过程中除了要用到一些三原组织以及三原变化组织之外，还会用到大量的不规则组织，而对于这些不规则组织就需要先在小样中用画笔画出来，然后用保存组织功能将它们存入组织库。

如图 7-8 中的组织均为不规则组织，在做这一类组织时，首先分析出组织，然后用画笔或其它绘图工具将分析出的组织画出，画好组织之后先选择保存组织功能，然后将画好的组织循环拉一个框即可，拉好框之后松开鼠标就会出现与保存规则组织相同的对话框，之后的操作同规则组织的保存。在生成和保存不规则组织时要注意以下几点：

图 7-8 不规则组织

(1) 在用保存组织功能拉矩形框时，在软件下方的信息栏中会显示所拉的矩形框的宽和高，拉好后的矩形框的宽和高应该和要保存的组织的宽和高相同。

(2) 在拉组织循环框之前，应将色带中的当前色取为要拉的矩形框中表示经组织点的颜色。

(3) 在保存组织之前如果画的组织图中的经组织点是用不同的颜色画的，要将它们换成同一种颜色（对于组织图中的纬组织点无此要求）。

三、铺组织

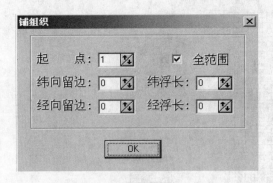

图 7-9 铺组织对话框

将小样画好、组织做好之后就可以在小样中铺入组织了，铺组织的步骤如下：

1. 选择组织

首先生成要铺入小样的组织或在右上角的当前组织图上点右键，选择"选择组织"，进入组织库，在组织库中选择需要铺入的组织后按 OK 即可，此时右上角的当前组织变为选择的组织。

2. 确定铺组织时参数

在色带中选择要用什么颜色作为铺组织的颜色（一般为没用过的颜色），然后选择铺组织功能，弹出对话框如图 7-9，其中的参数含义为：

起点：表示的是要以第几根经线为起点将当前选中的组织铺入小样中（纬线的起点总是以上面的第一根为起点的）。

纬向留边：即铺入组织时，沿纬线方向该颜色边上的多少根可以不用铺入组织压点（与其它颜色的交界处也是算做边的）。其中的数字可以根据实际情况填入框中。

纬浮长：即铺入组织时，沿纬线方向该颜色的纬向浮长没有超过多少的可以不用铺入组织压点，其中具体的数值也是根据具体情况来确定的。

经向留边：即铺入组织时沿经线方向该颜色边上的多少根可以不用铺入组织压点(与其它颜色的交界处也是算做边的)。其中的具体数字可以根据实际情况确定。

经浮长：即铺入组织时,沿经线方向该颜色的经向浮长没有超过多少的可以不用铺入组织压点,其中具体的数值也是根据具体情况来确定的。

全范围：铺组织时是先选中组织后,再选一种颜色铺入某种颜色,如果选择了全范围,那么在小样中的某种颜色上将被全部铺上选中的组织;如果不选择全范围,则在选定铺组织之后,需要在要铺入组织的部分拉一个矩形框,然后再在范围框内铺入选定的组织即可。

3. 在意匠中铺入组织

在填好铺组织功能中的各项参数之后,在要铺入组织的颜色上单击鼠标左键即可。另外在铺入组织时也可以自由控制铺入组织的起点,具体方法为:按完 OK 后在在要铺入组织的颜色上单击鼠标右键,此时铺入的组织就是以鼠标所在的点为起点向四周扩散铺入的。

在铺入组织的过程中有以下一些问题应该注意：

(1) 在铺入织物的底组织时,留边和浮长一般都为 0,铺入花组织时留边和浮长要根据织物的具体情况来确定,一般都是纬向留边和纬浮长。

(2) 铺组织时一般都是选择全范围铺组织的,在铺组织时如果组织铺不进去,那么一般是将小样中要铺入组织的颜色设为保护色或没有选择全范围。

(3) 铺组织时相同提升规律组织压点可以用相同的颜色铺入,减少小样中的颜色数,方便填组织表。

(4) 在铺入组织时为了更好的控制组织的起点,可以用右键铺入组织,这样可以很好的自由控制组织起点。

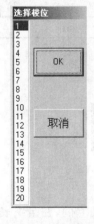

图 7 - 10　生成投梭

四、投梭的生成和保存

所谓的投梭就是根据织物纬纱的循环规律建立的控制纬纱运动规律的文件。投梭时的具体操作步骤分为以下几步：

(1) 如图 7 - 10,首先选择生成投梭,然后在色带中选择 1 号色(代表第 1 梭,后面以次类推,2 号色→第 2 梭、3 号色→第 3 梭……)。

(2) 在小样中有第 1 梭纬纱的颜色上单击鼠标左键(若有多种颜色可分别单击左键)。然后单击鼠标右键,跳出生成投梭的对话框,选择 1 后按 OK 即可(依此类推,若投的是第 2 梭则选择 2,第 3 梭则选择 3……)。一共有几纬就投几梭,直到投完所有的色纬为止。每投一次,便会有一条与色带中颜色相对应的、沿经线方向的直线出现,它和色带中的颜色是对应的、一条直线便是一个梭位,同一把梭可以占有两个或两个以上的梭位。

(3) 最后一步是保存投梭,在前面一共投了几梭在这里就保存几梭(某种纬纱占了两个或两个以上的梭位时,在保存投梭时算的是它占的梭位)。

在投梭时对于同样的提花织物可以有不同的投梭方法,即展开的投梭方法和不展开的投梭方法,下面就这两种投梭方法的相同和不同之处用举例的方法进行一个详细的说明。

例　假定某提花织物为纬二重织物,两纬均为从头至尾织造,表里纬排列比为 1:1,其经密为 80 根/cm,总经根数为 1200 根;表纬密(即单纬密)为 30 根/cm,表纬总线数为 900 根(即该小样为一个宽 15cm,高 30cm 的花样)。该小样一共有两种组织,其中的底组织为甲纬在正面起 5

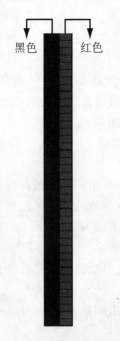

图 7 - 11　不展开投梭图

枚纬面组织,乙纬在反面起 5 枚纬面组织;花组织为甲纬在正面起 8 枚纬面组织,乙纬在花部的组织为平纹。

对于该小样在绘图时所取的小样参数中的经密为 80 根/cm,经线数为总经线数(1200 根),纬密为 30 根/cm,纬线数为表纬线数(900 根),对于重纬织物来说,在绘图时一般都是以表纬密以及表纬线数来定小样参数的。小样图画好之后可以有投纬展开和不展开两种做法,下面分别说明:

1. 投梭不展开做法

画好小样之后就可以直接进行后面的工艺了,投梭时先取 1 号色从头至尾投第 1 梭,再取 2 号色从头至尾投第 2 梭,投梭图如图 7 - 11。

该投梭图中的左面一根表示第 1 纬,右面一根表示第 2 纬。从图中可以看出该种投梭方法为两纬均从头至底,小样中的每一根纬纱实际对应的表示两纬,所以最后做出的纹板文件的总纬纱数(即纹板数)是一开始设定的纬纱数乘 2(即 900×2＝1800 根),保存投梭时也保存两梭即可。

投梭完之后就可以填组织表了,用这样的投梭方法做的小样组织表填法如表 7 - 1(组织表将在后面详细讲解)。

表 7 - 1　投梭不展开组织表

	1	2
1	5-3-1(sc)	5-3-j3(sc)
2	8-3-1(sc)	3(sa)

该组织表中各个组织代号所表示的组织如下:

　　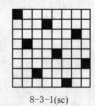　

5-3-1(sc)　　5-3-J3(sc)　　　8-3-1(sc)　　　　3(sa)

图 7 - 12　投梭不展开组织图

从该组织表中可以看出当投梭不展开做时,甲纬与乙纬的组织是互相独立的,在组织表中每种颜色甲纬对应的框中填入甲纬与经纱交织的组织即可。而对于乙纬,同样的在乙纬对应的框中填入乙纬与经纱交织的组织即可。当做其它的提花织物时,如果有更多的纬线也是用同样的方法来做。

2. 投梭展开做法

对于投梭展开的做法在画好图之后就不能直接进行工艺的处理了,要先对小样的参数进行修正,将纬线密度改为总纬线密度(即 60 根/cm),纬线数改为总纬线数(即 1800 根),是否将原图缩放选择"是",这样修改后的图形在总体上是不会变形的,只是纵向(即纬线)的循环变大了一倍。

黑色　红色

图 7-13　展开投梭图

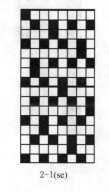

1-1(se)　　2-1(se)

7-14　展开投梭组织图

投梭时同样将 1、2 两梭都从头至尾投一遍,同不展开的投梭不同,投梭完成之后要用画笔以及拷贝等功能将投梭改为如图 7-13 所示的投梭,此即为展开做法的投梭图。

该投梭图中的左面一根表示第 1 纬,右面一根表示第 2 纬。从图中可以看出该种投梭方法为一根第一纬,然后一根第二纬,两纬交替织造,小样中每一根纬纱对应的只有一纬,所以最后做出的纹板文件的总纬纱数(即纹板数)就是小样中的纬纱数(1800 根),同不展开的做法做出的纹板数是相同的。在将投梭改动之后,一定要记得要重新保存投梭,保存投梭时还是保存 2 梭。

展开投梭的做法组织表的填法与不展开投梭做法的组织表也是不同的,对于展开投梭的组织表我们应该做出展开的组织然后填入组织表中,如本例的展开投梭组织表为表 7-2。

表 7-2　投梭展开组织表

	1	2
1	1-1(se)	1-1(se)
2	2-1(se)	2-1(se)

该组织表中各个组织代号所表示的组织如图 7-14:从该组织表中可以看出当投梭展开做时,甲纬与乙纬的组织在组织表中相同的颜色(即同一种组织)处填的是同一种组织,该组织就是甲纬与乙纬互相组合而成的纬二重组织,可以看出该组合组织自上而下的第 1 纬即为甲纬组织自上而下的第 1 纬,第 2 纬为乙纬的第 1 纬,第 3 纬为甲纬的第 2 纬,第 4 纬为乙纬的第 2 纬,以此类推,可以做出它们的展开组织图。

投梭展开和不展开两种做法各有自己的优缺点,在做时应该根据具体的织物来选择不同的做法,方法选择的正确可以大大地提高工艺处理的速度,在选择是按展开投梭还是不展开投梭做时可以参考以下一些原则:

(1)对于每一纬的组织都是可以直接生成的规则组织时,一般采用不展开的做法来做,如上面的例子就最好用不展开的做法来做,因为这样可以省去做展开组织图的工作,对于那些规则组织可以直接用生成组织来生成即可。

(2)对于有间丝点的织物来说,一般也采用不展开的做法来做,因为间丝点在展开的组织图需要做很大的组织循环才可以。

(3)对于每一纬都不是规则组织的织物来说,可以采用展开的做法来做,因为这样的组织做法可以很清楚的看出各纬线之间经纬压点之间的关系,防止织物因为组织点冲突而产生漏色的现象。

(4)对于对组织不是很熟悉以及初学者来说,一般可以用展开的做法来做,这样更便于理解,做起来也可以减少出错的概率。

不论用什么方法来做,织物的组织都是很重要的,只有组织分析正确了,才能更好的选择具体的做法,也才能提高工艺处理的速度。

　　在投纬处也可以对织物的停撬进行设定,通过对投梭进行一定的改进可以达到停撬的目的,这样来控制停撬也可以更加灵活的控制织物的纬密,且便于理解,下面就举几个例子来说明在投梭中进行停撬控制的具体做法。

　　首先说明不展开投梭的停撬是怎样做的,首先将织物的投梭向右复制一个循环,例如一共投了 2 梭则将这 2 梭复制到紧挨着第 2 梭的后面,此时的投梭变成了左右相同的两个循环(共有 4 梭),停撬便是在右面一个循环上进行修改的,这时可以根据织物具体的停撬规律来改动右面一个循环,改动时将右面投梭循环中的颜色应该停撬的地方保持不变,不停撬的地方的颜色用画笔改为 0 号色即可,改动时根据停撬规律先横向数,横向结束后再数下一行,以次类推,找出一个循环之后再复制就可以了,以下是一些不展开投梭的停撬的具体例子:

　　图 7-15 中的图样左面的都是没有加停撬之前的投梭图,右面的为加了停撬之后的投梭图,4 个图均为 2 纬的投梭。其中的(1)的停撬规律为停 2 送 1(即每 3 梭中有 2 梭是不送经,1 梭是送经的);(2)的停撬规律为停 3 送 1;(3)的停撬规律为停 4 送 1;(4)的停撬规律为停 5 送 1。如果织物整体的停撬规律在不同的部分是不相同的,那么也可以对局部进行改动。

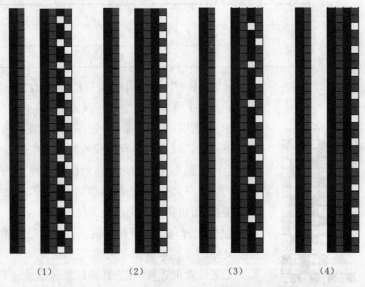

图 7-15　不展开投梭停撬图 1

　　在投梭中对织物的停撬全部修改好之后,一定要记得重新保存投梭,在保存投梭时还是以以前的投梭的梭位数为准,不能将停撬的梭位也算入其中,如上面例子中在修改好停撬之后,保存投梭还是保存 2 梭,而不能保存 4 梭。

　　以下还是一些不展开投梭在投梭中修改停撬的例子:

　　图 7-16 中的图样中左面的都是没有加停撬之前的投梭图,右面的为加了停撬之后的投梭图,其中的(1)为投梭为 3 梭的提花织物,它的停撬规律为停 3 送 1,在改完停撬之后保存 3 梭即可;(2)为投梭为 4 梭的提花织物,它的停撬规律上半部分为停 4 送 1,下半部分为停 5 送 1,在改完停撬之后保存 4 梭即可;(3)为投梭为 5 梭的提花织物,它的停撬规律为停 5 送 1,在改完停撬之后保存 5 梭即可。

　　通过以上的一些例子应该已经掌握了在投梭中控制停撬的方法,用这种方法来控制停撬比较直观,也可以更方便的来控制织物的停撬,如图 7-16 中的 2,可以在不同的部分给予织物不同的停撬规律。

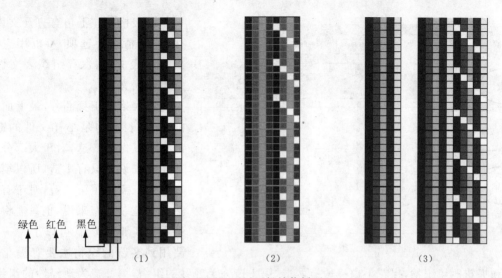

图 7-16　不展开投梭停撬图 2

　　展开投梭的停撬与不展开投梭的停撬做法是相同的,只是在计数时空纬的部分不能计算在内,图 7-17 为一些展开投梭的停撬的具体做法。

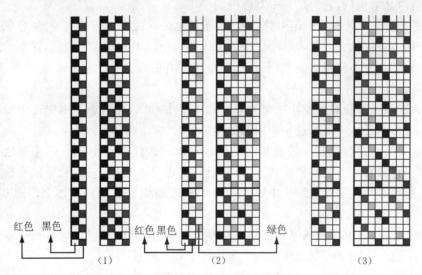

图 7-17　展开投梭停撬图

　　图 7-17 图样中左面的都是没有加停撬之前的投梭图,右面的为加了停撬之后的投梭图,其中的(1)为投梭为 2 梭的提花织物,它的停撬规律为停 2 送 1,在改完停撬之后保存 2 梭即可;(2)为投梭为 3 梭的提花织物,它的停撬规律为停 4 送 1,在改完停撬之后保存 3 梭即可;(3)为投梭为 4 梭的提花织物,它的停撬规律为停 4 送 1,在改完停撬之后保存 4 梭即可。

　　总之在保存投梭时电脑会自动多存一倍,其中多存的一倍就是停撬的信息,如果要对织物的停撬进行改动,就可以在这多存的一倍处进行修改。

五、填组织表

　　填组织表是工艺中十分重要的一个步骤,打开工艺中的组织表,可以看到组织表为如图 7-18 所示的一张表格:

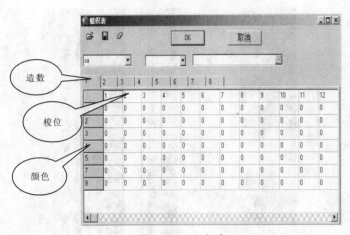

图 7-18　组织表

该表格的左上角有打开文件、保存文件、清空等选项，可以用它们调出组织表文件、保存组织表文件、清空组织表文件。

在表格的正身部分，最上面一排的 1～8 表示的是小样文件的造数，最多可以做到 8 造，对于大部分的提花织物来说都只有 1 造，所以填组织表时也只需要填第 1 造，对于有前后造的提花装饰布来说，也只需将前后造看为 1 造来填就可以了。一般需要用到多造的织物主要有提花毛巾织物和提花地毯织物，提花毛巾一般有两造，第 1 造为毛经纱的组织，第 2 造为地经纱的组织；而对于提花地毯来说一般有几种色经就有几造，每一造分别表示一种色经的组织。

表示造数的 1～8 下方的 1～20 表示提花织物的第 1 梭位到第 20 梭位，我们在做时一共用了多少梭位就填几个梭位，它们是一一对应的。

而竖向的 1、2、3…则表示小样中的颜色（由于颜色是与组织对应的，一种颜色就表示一种不同的组织，所以也可以说它们是表示小样中的组织的），小样中有多少种颜色，这里的纵向便会有多少种颜色，它们是与小样中的颜色相对应的，小样中有的颜色在这里一定会得到体现，而这里有的颜色号在小样中也一定是存在的。

在组织表正身上方带有下拉小三角的两个选项框中，可以在前一个框中选中要用的组织所在的组织库，在后一个框中可以选中要用的具体的组织。

填组织表就是在某颜色与某梭位相交的框内填入该梭纬纱在小样中该种颜色处的组织即可，填入的组织可以在上面的小框中选择，选好后在框内单击鼠标右键，就可以将选中的组织填入组织表了，也可以用左键在组织表中填入 0 或 1（打开组织表后默认的即全部为 0），其中 0 代表纬组织点，1 代表经组织点。

对于组织表可以在其中填入某种纬纱在小样中某种颜色处的具体组织，也可以用铺组织的功能将该组织先铺入小样中，然后再在组织表中填 0 和 1 就可以了。

下面就组织表的具体填法举例进行说明，以下是某单经单纬织物的组织表：

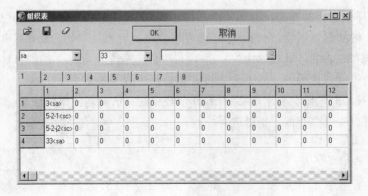

图 7-19　单经单纬组织组织表

该组织表中各组织代号所表示的组织如图 7 - 20。

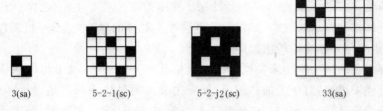

3(sa)　　　5-2-1(sc)　　　5-2-j2(sc)　　　　33(sa)

图 7 - 20　组织图

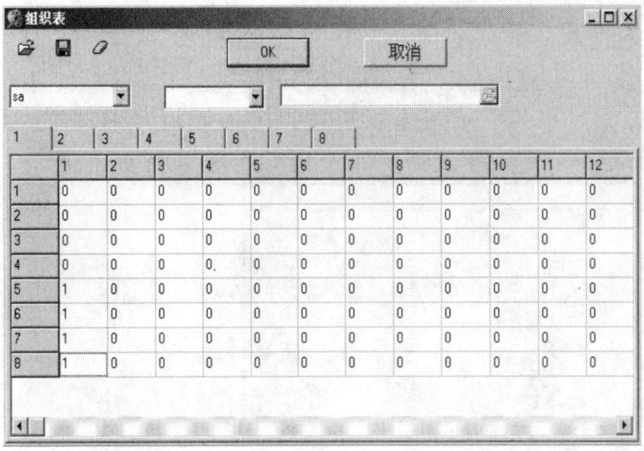

从组织表以及组织图中可以看出该提花织物一共有 4 种组织,其中小样中的 1 号色对应的组织为 3(sa)的平纹组织,所以在 1 号色与第 1 纬相交的地方填入 3(sa)的组织代号即可,对于 2、3、4 号色也是用同样的方法在组织表中填入它们的组织就可以了。这是在组织表中直接填入组织代号来做的方法,也可以用将组织铺入小样后再填组织表的方法来做,还是上面的例子,如果将组织铺入的话,组织表的填法就是图 7 - 21 了,其中的 1、2、3、4 号色表示纬组织点,5、6、7、8 分别表示在 1、2、3、4 号色上铺入的经组织点。由于 1、2、3、4 号色的组织相同,也可以将它们换为同一种颜色来表示,同样 5、6、7、8 也可以换为同一种颜色来表示。

图 7 - 21　铺入组织后的组织表

对于重纬织物的组织表填法与单纬的也是相同的,只是对应小样中的每一种颜色要分别填入各个纬线的组织。图 7 - 22 就是一个有三重纬织物的组织表。

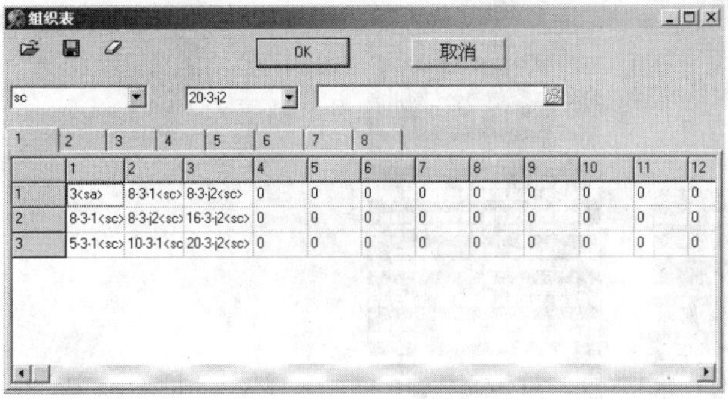

该组织表中的组织如图 7 - 23 所示。

图 7 - 22　组织表

通过组织表以及组织图可以看出该织物的组织:第 1 纬与经纱在小样中的 1 号色处交织成的组织是 3(sa),而第 2 纬与经纱在小样中的 1 号色处交织成的组织是 8-3-1(sc),第 3 纬与经纱在小样中的 1 号色处交织成的组织是 8-3-j2(sc);同样第 1 纬与经纱在小样中的 2 号色处交织成的组织是 8-3-1(sc),而第 2 纬与经纱在小样中的 2 号色处交织成的组织是 8-3-j2(sc),第 3 纬与经纱在小样中的 2 号色处交织成的组织是 16-3-j2(sc);第

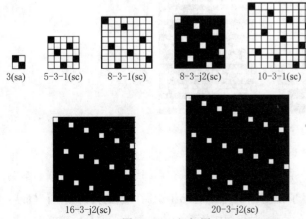

3(sa)　5-3-1(sc)　8-3-1(sc)　8-3-j2(sc)　10-3-1(sc)

16-3-j2(sc)　　　20-3-j2(sc)

图 7 - 23　组织图

1 纬与经纱在小样中的 3 号色处交织成的组织是 5-3-1(sc)，而第 2 纬与经纱在小样中的 3 号色处交织成的组织是 10-3-1(sc)，第 3 纬与经纱在小样中的 3 号色处交织成的组织是 20-3-j2(sc)。在填这种有多色纬织物组织的时候，如果用的是这种不展开的做法，那么在填某色处某纬组织的时候，只用考虑该纬与经纱交织的组织即可。

对于这种有多色纬线的织物来说也可以采取将其展开的做法，展开做时怎样投梭在前面关于投梭的部分已经讲过了，对于上面的例子，如果用展开的做法来做的话，投梭可以参考投梭部分的讲解来展开投梭，而组织表中也应该填入展开后的组织，例如本例中，如果用展开的做法来做的话，组织表为图 7 - 24 所示。

	1	2	3	4	5	6	7	8	9	10	11	12
1	1-1<se>	1-1<se>	1-1<se>	0	0	0	0	0	0	0	0	0
2	1-2<se>	1-2<se>	1-2<se>	0	0	0	0	0	0	0	0	0
3	1-3<se>	1-3<se>	1-3<se>	0	0	0	0	0	0	0	0	0

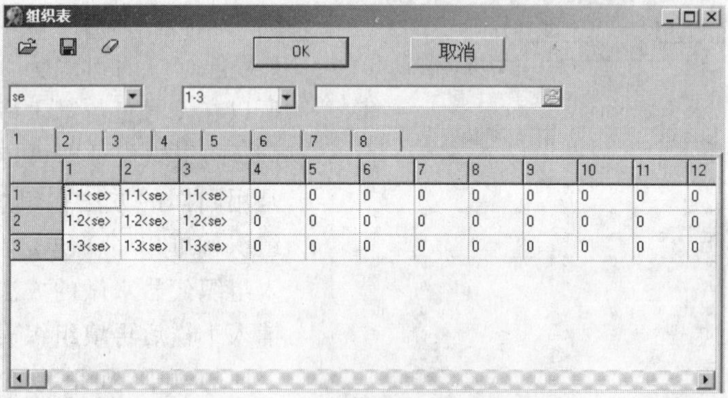

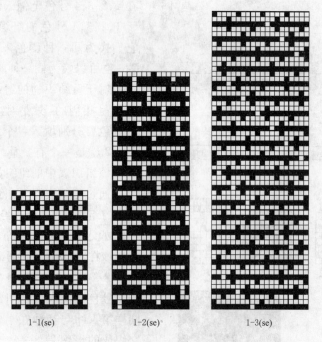

图 7 - 24　展开组织表

该组织表中各组织代号所表示的组织如图 7 - 25。

1-1(se)　　1-2(se)　　1-3(se)

图 7 - 25　组织图

从该组织表可以看出对于展开的组织来说，只需将每一纬的组织按它们纬线的排列比组合(如本例为 1:1:1，则按甲、乙、丙的顺序组合)在一起就可以了，组织循环要取各纬组织循环数的公约数，所以最后做出的组织循环是比较大的。这样做出的组织比较直观，对于组织不熟悉或初学者来说是比较好的一种方法。该方法做出的组织表中每一种颜色的每一纬的组织都是相同的（即为展开的组织图）。

除了以上所做的组织表之外，还有多造的组织表，所谓的多造也就是指有多组的经纱，例如对于毛巾来说大部分就是两造的，而地毯织物则一般有几种色经就是几造（如有 5 色经则为 5 造）下面以一个毛巾的组织表填法来说明多造组织表的填法，图 7-26 和图 7-27 就是毛巾的两造的组织表，其中图 7-26 为毛经纱的组织表，而图 7-27 为地经纱的组织表。

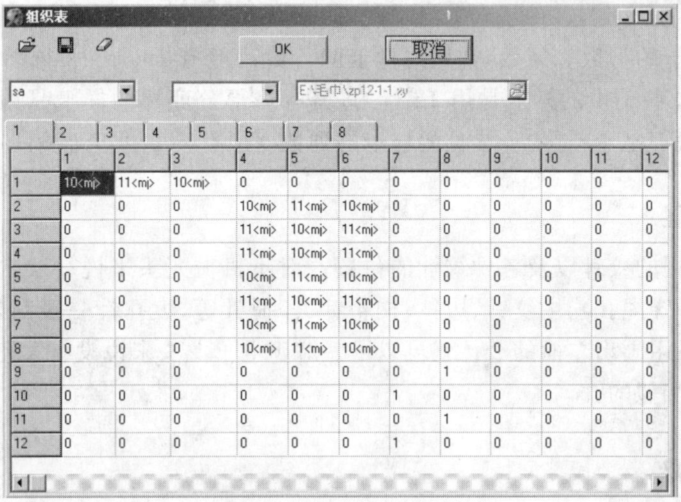

组织表

文件: sa ｜ ｜ E:\毛巾\zp12-1-1.xy　　OK　取消

标签: 1 2 3 4 5 6 7 8

	1	2	3	4	5	6	7	8	9	10	11	12
1	10<m>	11<m>	10<m>	0	0	0	0	0	0	0	0	0
2	0	0	0	10<m>	11<m>	10<m>	0	0	0	0	0	0
3	0	0	0	11<m>	10<m>	11<m>	0	0	0	0	0	0
4	0	0	0	10<m>	11<m>	10<m>	0	0	0	0	0	0
5	0	0	0	10<m>	11<m>	10<m>	0	0	0	0	0	0
6	0	0	0	11<m>	10<m>	11<m>	0	0	0	0	0	0
7	0	0	0	10<m>	11<m>	10<m>	0	0	0	0	0	0
8	0	0	0	10<m>	11<m>	10<m>	0	0	0	0	0	0
9	0	0	0	0	0	0	1	0	0	0	0	0
10	0	0	0	0	0	0	1	0	0	0	0	0
11	0	0	0	0	0	0	1	0	0	0	0	0
12	0	0	0	0	0	0	1	0	0	0	0	0

图 7-26　毛经纱组织表

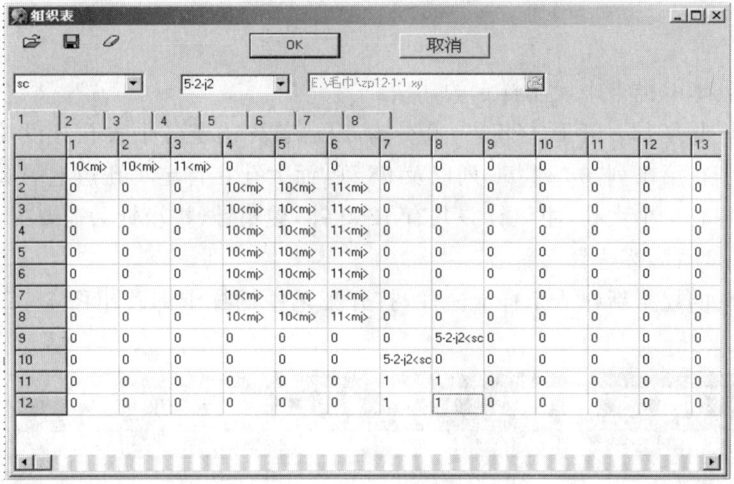

组织表

文件: sc ｜ 5-2-j2 ｜ E:\毛巾\zp12-1-1.xy　　OK　取消

标签: 1 2 3 4 5 6 7 8

	1	2	3	4	5	6	7	8	9	10	11	12	13
1	10<m>	10<m>	11<m>	0	0	0	0	0	0	0	0	0	0
2	0	0	0	10<m>	10<m>	11<m>	0	0	0	0	0	0	0
3	0	0	0	10<m>	10<m>	11<m>	0	0	0	0	0	0	0
4	0	0	0	10<m>	10<m>	11<m>	0	0	0	0	0	0	0
5	0	0	0	10<m>	10<m>	11<m>	0	0	0	0	0	0	0
6	0	0	0	10<m>	10<m>	11<m>	0	0	0	0	0	0	0
7	0	0	0	10<m>	10<m>	11<m>	0	0	0	0	0	0	0
8	0	0	0	10<m>	10<m>	11<m>	0	0	0	0	0	0	0
9	0	0	0	0	0	0	0	5-2-j2<sc	0	0	0	0	0
10	0	0	0	0	0	0	5-2-j2<sc	0	0	0	0	0	0
11	0	0	0	0	0	0	1	1	0	0	0	0	0
12	0	0	0	0	0	0	1	1	0	0	0	0	0

图 7-27　地经纱组织表

从以上的两个组织表可以看出当填毛经纱组织的时候可以不考虑地经纱与纬线的交织规律，而只需将毛经纱与纬线交织的组织填入组织表即可，在填地经纱组织的时候只需选中第 2 造，然后将地经纱与纬线的交织规律填入其中即可。对于其它的多造文件，不论造数的多少，只需将每一造的组织填入其中即可，在做这种多造文件时在第 2 造之后的组织表时要注意在文件中选择该造所用的小样文件，对于大多数多造文件来说，它们所用的小样文件为同一文件；对于大小造的文件来说，用的小样文件就有大造的小样文件与小造的小样文件之分了。

通过以上的讲解可以知道对于组织表来说，由于投梭方法的不同，所以组织表的填法也是不同的，具体使用什么方法来做，应该视具体的提花织物来决定。而对于多造的文件则要填不同的若干个组织表。

六、建样卡

所谓的样卡就是龙头纹针的吊挂形式,所以在建样卡之前应该了解龙头纹针的吊挂。

1. 确定样卡规格

首先应确定样卡的行数和列数,常见的样卡的行数一般有 16 行、12 行、8 行三种规格,其中 16 行的最常见,有一些毛巾的样卡是用 12 行的,另有一部分商标的样卡是用 8 行的,对于电子龙头来说,样卡一般都是 16 行的。常见的样卡的列数一般有 60、84、88、98、162 列等规格的。

2. 确定纹针位置

确定样卡中所用的纹针以及各种纹针的位置。对于机械龙头来说一般常用的有大孔针(即定位孔)、小孔针(即穿绳孔)、主纹针、边针、梭箱针、停撬针等,大孔针一般都是占 4 个小孔位置的,但在做样卡时只用画出左面的 2 针就可以了。对于电子龙头来说没有大孔针与小孔针,其它的与机械龙头也是相似的。

3. 确定样卡造数

对于多造文件来说样卡中的主纹针 1 即表示第 1 造的纹针,主纹针 2 即表示第 2 造的纹针,后面以次类推。

4. 样卡举例

下面就几个具体的样卡来说明样卡的建法:

(1) 某机械龙头为 16×98 的规格,一共分为 3 段,首先确定各个大孔针以及小孔针的位置,其中的小孔针分别在第 1 列、33 列、66 列以及 98 列,而大孔在首尾小孔边上的 2 列各有 1 个,在中间小孔的左右各有 1 个大孔,主纹针一共有 1200 针,梭箱针(梭箱针为需要提前的)有 8 针,停撬针有 1 针,边针 24 针,废边针 2 针。

首先根据龙头的规格新建一个样卡文件,打开工艺中的样卡即跳出图 7 - 28 的新建与修改样卡的界面:

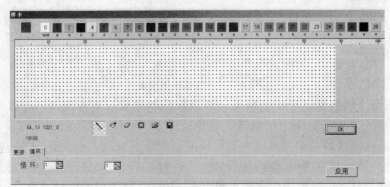

图 7 - 28　建样卡界面

其中最上面的色带中可以取不同的颜色,它们分别有不同的含义,下面就一些常见的纹针向读者进行说明:

主纹针:1～6 号色、27 号色、28 号色分别表示主纹针的第 1 造至第 8 造,因为常用的只有 1 造,所以大部分情况主纹针用 1 号色画。

边针:10 号色表示边针,18 号色表示废边针。

梭箱针:8 号色表示需要提前的梭箱针(所谓需要提前就是指织机当前应该投哪一种纬纱是在上一梭给出信号的),9 号色表示不需提前的梭箱针,17 号色表示落后的梭箱针。

停撬针:7 号色表示停撬针。

大孔针:21 号色表示大孔针。

小孔针:20 号色表示小孔针。

起毛落毛针:起毛落毛针一般是用于毛巾织机的龙头上的,11 号色表示起毛针,12 号色表示落毛针。

其它还有一些不常用的针,可以将鼠标停留在该颜色上看该种颜色具体表示什么针。

在样卡正身下方的左面有 4 个数字,它们分别表示鼠标当前在样卡中所在的列和行,当前位置为第几针,当前位置的点为什么颜色,在这 4 个数字的下方所显示的为当前样卡的规格。

在 4 个数字的右方的图标分别表示的含义为:

：画点,可以用它在样卡中一点一点的画上想要画的颜色。

：刷子,可以用它直接拉出一矩形框,矩形框中的颜色就是选中的颜色。

：清空,将已画好的样卡全部清空。

：新建,选择它则跳出对话框,只需在对话框中输入要新建样卡的行数和列数,OK 后就可以生成想要做的规格的一个空白样卡。

：打开样卡,即打开已经建好的样卡。

：保存样卡,将新建的样卡保存好。

对于下方的修改以及循环也可以在建样卡时加以应用,这样可以提高建样卡的速度。其中选择了修改后在下方会出现从：　到：　,在"从"中输入想要从哪一针开始,"到"中输入要到哪一针结束后,选择在这个范围内要画的颜色,点"应用",在样卡中的该范围内就自动填入想要画的颜色了。例如在"从"中输入 10,"到"中输入 120,然后取 1 号色,点应用后则样卡中从第 10 针到第 120 针均从 0 号色变为 1 号色。而循环则是在做多造的样卡时可以先将多造的主纹针都用 1号色来画,画好后再在循环中输入造数,然后在后面的框中输入每一造的纹针分别为第几针即可,点应用后我们开始画的 1 号色就会按设定的顺序分别变为不同的纹针颜色。

本例中先根据大小孔的位置画出样卡的大体形状(即先给样卡定个位),如图 7 - 29。

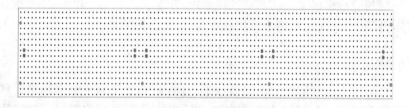

图 7 - 29　样卡图

大小孔画好之后就可以根据每种纹针的具体位置,将它们画入样卡中。本例中总纹针为 16×98＝1568 针,其中的主纹针一共有 1200 针,分别在 105～480、561～1008、1089～1464;边针共 24 针,分别在 65～67、78～83、94～96、1473～1475、1486～1491、1502～1504;废边针在 47、48 位置,共 2 针;梭箱针共 8 针,分别在 17～20、29～32;停撬针在 33 针,共 1 针。所以根据以上的一些数据可以画出该样卡如图 7 - 30 所示。

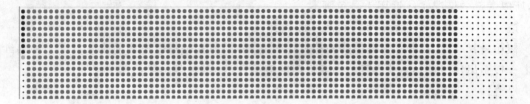

图 7 - 30　机械龙头样卡图

（2）主纹针为 1200 针的电子龙头样卡如图 7 - 31 所示。

图 7 - 31　电子龙头样卡图

该样卡总纹针为 16×88＝1408 针，其中梭箱针为 9 号色（不需提前），从 1～8 共 8 针；停撬针为第 9 针；边针为 17～32、1233～1248 共 32 针；主纹针为 33～1232，共 1200 针，其余为空针。

（3）毛经针和地经针分别为 442 针的电子龙头毛巾样卡，如图 7 - 32。该样卡总纹针为 16×84＝1344 针，其中 1～8 针为梭箱针（9 号色），共 8 针；第 9 针为停撬针（7 号色）；第 17 针为起毛针（11 号色）；第 18 针为落毛针（12 号色）；第 113～128、1025～1040 针为边针（10 号色），共 32 针；135～1018 为主纹针（1、2 号色），共 884 针，其中上面 8 行为毛经针（即第 1 造），用 1 号色来画，共 442 针，下面 8 行为地经针（即第 2 造），用 2 号色来画，共 442 针。

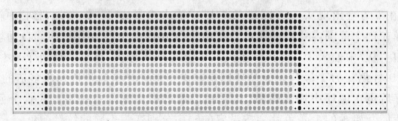

图 7 - 32　毛巾样卡

总之各种不同的织机根据龙头的不同吊挂形式，样卡也是千变万化的，要根据具体的龙头吊挂形式来建样卡，同一种龙头也会因为吊挂的不同，而有不同的样卡。

七、填辅助组织表

在组织表中已经对主纹针的提升规律进行了设定，而对于龙头中一些辅助针（如边针、梭箱针、停撬针等）的控制则需要在辅助组织表中填入适当的组织进行控制了。当打开辅助组织表时，首先在"样卡文件"中选择当前织物所用的具体的样卡，如图 7 - 33，其中竖向出现的是所选择的样卡中除主纹针之外的所有针的颜色（即所有的辅助针），横向同组织表一样，也是表示梭位的，在填辅助组织表时，便是根据各种不同的辅助针组织写入辅助组织表。

本例中的辅助组织表是一个毛巾样卡的辅助组织表，其中的 1、2、3 梭为平布部分，4、5、6 梭为起毛部分，7、8 梭为缎档部分。7 号色为停撬针，对于本例来说，停撬已经在投梭中进行了修改

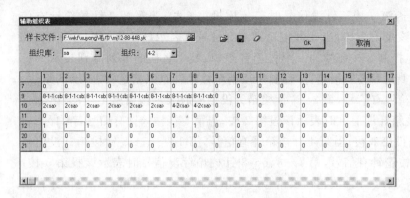

图 7 - 33　辅助组织表

（具体做法可以看投梭部分的说明）；9 号色为梭箱针，其组织为 8 枚的左斜斜纹；10 号为边针，其中的平布和起毛部分的边组织为 3 上 3 下的变化平纹，断档部分为 4 上 4 下的变化平纹；11 号为起毛针，所以在起毛的 4、5、6 梭填 1；12 号为落毛针，在平布的 1、2、3 梭以及断档的 7、8 梭填 1；20 号小孔针和 21 号大孔针在辅助组织表中不用填。

下面就辅助组织表中一些常见的辅助针的填法进行一个简单的说明，供设计人员在填辅助组织表时参考。

1. 停撬针

所谓的停撬就是不送经，在辅助组织表中某一纬的停撬组织只需根据它的停撬规律做出一个组织，然后再在辅助组织表中停撬针的该纬处填入该组织就可以了，做的组织中经组织点表示停撬，纬组织点表示不停撬，所以如果在辅助组织表中的某纬处停撬针填 1 的话就表示该纬为全部停撬，而某纬填 0 则表示该纬全部为不停撬的，下面举几个具体的停撬的例子说明停撬的做法。

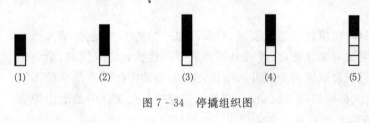

图 7 - 34　停撬组织图

在图 7 - 34 中 1 所示为停 2 送 1 的停撬组织；2 为停 3 送 1 的停撬组织；3 为停 4 送 1 的停撬组织；4 为停 3 送 2 的停撬组织；5 为停 2 送 3 的停撬组织。对于其它的停撬组织，可以参照以上一些停撬组织的做法来做出。

2. 梭箱针

梭箱针主要有提前的梭箱针和不提前的梭箱针两种，所谓的梭箱针组织就是根据分别有哪一针（或几针）来控制哪一梭来建出一个组织，下面举出两个例子进行说明。

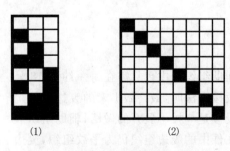

（1）　　　　　（2）

图 7 - 35　梭箱针组织

图 7 - 35 中的（1）表示样卡中有 3 针梭箱针，能控制 8 梭纬纱的一个梭箱针组织，其中纵向的 3 列分别表示 3 针梭箱针，横向的 8 排分别表示 1 到 8 梭的梭箱针组织，所以整个梭箱针组织就是 1 所示的组织，从图中可以看出，当 3 针梭箱针都没信号时表示该投第 1 梭；当第 1 针梭箱针有信号，2、3 两针梭箱针没信号时表示该投第 2 梭；当第 2 针梭箱针有信号，1、3 两针梭箱针没信号时表示该投第 3 梭；当第 1、2 针梭箱针有信号，第 3 针梭箱针没信号时表示该投第 4 梭；当第 3 针梭箱针有信号，1、2 两针梭箱针没信号时表示该投第

5 梭;当第 1、3 针梭箱针有信号,第 2 梭箱针没信号时表示该投第 6 梭;当第 2、3 针梭箱针有信号,第 1 梭箱针没信号时表示该投第 7 梭;当 3 针梭箱针都有信号时表示该投第 8 梭。图 7 - 35 中的(2)表示有 8 针梭箱针,能控制 8 梭纬纱的一个梭箱针组织,其中竖向的 8 列分别表示 8 针梭箱针,横向的 8 排分别表示 1 到 8 梭的梭箱针组织,所以整个梭箱针组织就是(2)所示的组织,从图中可以看出,当第 1 针梭箱针有信号,第 2~8 针梭箱针没信号时表示该投第 1 梭;当第 2 针梭箱针有信号,第 1、3~8 针梭箱针没信号时表示该投第 2 梭;当第 3 针梭箱针有信号,第 1~2、4~8 针梭箱针没信号时表示该投第 3 梭;当第 4 针梭箱针有信号,第 1~3、5~8 针梭箱针没信号时表示该投第 4 梭;当第 5 针梭箱针有信号,第 1~4、6~8 针梭箱针没信号时表示该投第 5 梭;当第 6 针梭箱针有信号,第 1~5、7~8 针梭箱针没信号时表示该投第 6 梭;当第 7 针梭箱针有信号,第 1~6、8 针梭箱针没信号时表示该投第 7 梭;当第 8 针梭箱针有信号,第 1~7 针梭箱针没信号时表示该投第 8 梭。

通过以上两个梭箱针组织的讲解,就能明白梭箱针组织的具体含义,也能够根据一些具体的情况自己做出梭箱针组织来了,另外对于电子龙头来说,一般来说机器选纬能选几色,就有几针梭箱针,且梭箱针组织一般为左斜或右斜的斜纹组织,例如机器能选 4 色纬,有 4 针梭箱针,则梭箱针组织为 4-1-1(或 4-3-4);机器能选 6 色纬,有 6 针梭箱针,则梭箱针组织为 6-1-1(或 6-5-6);机器能选 8 色纬,有 8 针梭箱针,则梭箱针组织为 8-1-1(或 8-7-8);而对于机械龙头则根据具体的情况建出它们的梭箱针组织就可以了。

3. 边针

边针在样卡中一般用 10 号色来画,在填辅助组织表时,只需在每一纬的 10 号色处填入该纬的边组织即可,但在填 10 号色的边组织时要注意,当投梭是用不展开的投梭方法来做时,最终做出的织造文件中的边组织是各纬边组织合成的一个展开的组织,例如,文件中的投梭是 3 梭不展开的做法,辅助组织表中 3 纬的边组织都填的是平纹组织,则最后生成的织造文件中的边组织为 3 上 3 下的经重平组织。边组织一般为平纹或平纹变化组织。

4. 起毛针

起毛针是毛巾织物中特有的,一般用样卡中的 11 号色来表示,在辅助组织表中哪几梭是表示起毛的就在那几梭对应的 11 号色处填 1 就可以了。

5. 落毛针

落毛针也是毛巾织物中特有的,一般用样卡中的 12 号色来表示,在辅助组织表中在不是起毛的梭位对应的 12 号色处填 1 就可以了。

6. 废边针

废边针一般用样卡中的 18 号色来画,同边针一样,在辅助组织表中也只需在每一纬的 18 号色处填入该纬的废边组织就可以了,但当投梭是不展开的投梭方法时,最终做出来的废边组织仍是在辅助组织表中填入的原始组织,例如同样在文件中的投梭是 3 梭不展开的做法,辅助组织表中 3 纬的废边组织都填的是平纹组织,则最后生成的织造文件中的废边组织仍为平纹组织,废边组织一般都为平纹。

7. 大、小孔针

小孔针为样卡中的 20 号色,大孔针为样卡中的 21 号色,在辅助组织表中不用填。

对于其它一些不常见的辅助纹针,应视具体情况来填,不同的样卡与龙头都有不同的填法。

总之,对于辅助组织表来说,选择的样卡中除主纹针之外的所有颜色都会在辅助组织表中体现出来,对于那些常见的辅助针可以参照以上的一些讲解来填,而对于那些不常见的辅助针,则要根据具体情况来填。

八、纹板处理

当做完以上的一些工作之后,就可以根据织机的龙头来选择具体的文件格式来进行处理了,处理好后的文件就是织造(或冲纹板)所需要的文件了,对于文件的格式将在后面章节进行详细的说明。纹板处理时的界面如图 7-36 所示,在纹板处理时除了要选择正确的文件类型之外,根据具体的工艺还要注意以下一些问题。

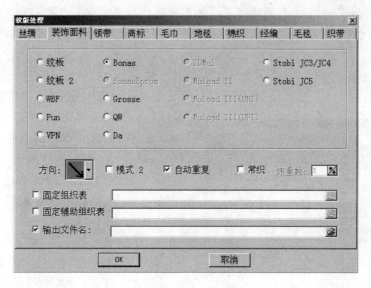

图 7 - 36　纹板处理图

(1) 在方向中,要根据织机具体的纹针吊挂形式以及方向来选择具体的纹板处理方向,主要用的有 4 个方向,如图 7 - 37。

　　　(1)　　　　　　(2)　　　　　　(3)　　　　　　(4)

图 7 - 37　处理方向

其中的方向(1)表示处理纹板时是以小样中左面的第一根经线为起始经线,上面的第一根纬线为起始纬线来处理小样的;方向(2)表示处理纹板时是以小样中左面的第一根经线为起始经线,下面的第一根纬线为起始纬线来处理小样的;方向(3)表示处理纹板时是以小样中右面的第一根经线为起始经线,上面的第一根纬线为起始纬线来处理小样的;方向(4)表示处理纹板时是以小样中右面的第一根经线为起始经线,下面的第一根纬线为起始纬线来处理小样的,可以根据具体的装造来选择处理方向。

（2）模式 2 的选择要视投梭情况来确定选还是不选，如果投梭中有某一种（或几种）纬线投了 2 次或 2 次以上的话（即某种纬线占了 2 个或 2 个以上的梭道时），在处理时则需要在模式 2 前打勾。

（3）自动重复：当样卡中的主纹针数多于小样中的经线数时，在处理小样时是否要重复小样循环就是在这里进行选择的，一般情况下是被选中的。

（4）常织：当小样中的投梭是一梭或几梭从头投到底时，可以在前面的工艺中省去投梭与保存投梭的步骤，只需在最后处理时选择常织，然后在后面的纬重数中输入一共有几纬是从头织到底的就可以了。

图 7-38　选择色纬类型

（5）对于固定组织表与固定辅助组织表来说，就是表示如果某个小样的组织表或辅助组织表与另外已经做过的小样的组织表或辅助组织表相同的话，可以不填组织表或辅助组织表，只需选中固定组织表或固定辅助组织表，然后选出想要的组织表文件或辅助组织表文件就可以了。

（6）输出文件名一般不动，让其默认与小样的文件名相同，只是后缀名不同的织造文件就可以，如果要将处理后的织造文件存为另外的名字，则只需在输出文件名中填入具体的名字。

九、选择色纬类型

当打开做好的纹板文件或 EP 文件时，软件会跳出选择色纬类型对话框如图 7-38，此时点"＋"后就可以进入选择色纬类型对话框了，该对话框如图 7-39，其中横向的数字可以改动，它们表示的是梭箱针在样卡中的位置（即梭箱针分别在样卡中的哪几针），竖向就分别表示第 1 纬、第 2 纬、第 3 纬……在填好了梭箱针在样卡中的位置之后，只需在表中填入所用的梭箱针组织就可以了，如果所用的梭箱针是提前的，需在提前的框中打勾，最后在类型描述中给该色纬类型起一个名字就可以了。图 7-39 就是一个有 3 针梭箱针，3 针梭箱针分别在样卡中的第 33、34、35 这 3 针上，然后梭箱针为提前的，梭箱针组织为图 7-40 所示组织的色纬类型填法。

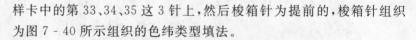

图 7-39　色纬类型对话框

可以用选择色纬类型中的"一"来删除不需要或错误的选择色纬类型文件。如果样卡中没有梭箱针的话，可以不填选择色纬类型对话框。

图 7-40　梭箱针组织

十、织造文件的检查与修改

当正确的填写了选择色纬类型之后，就可以打开最后生成的织造文件了,此时打开的织造文件是彩色的,其中的 1 号色是第 1 纬,2 号色是第 2 纬,……以次类推,织造文件中的 0 号色表示的是纬组织点,其它的颜色表示的都是经组织点。

可以检查最后生成的纹板文件是否正确,直接用绘图中的工具对最后生成的纹板文件进行修改,修改好之后保存修改后的文件即可。

总之,在对提花织物进行工艺操作的时候,可以灵活的运用以上的一些工艺操作,达到简化织物工艺处理的目的,另外在工艺处理的过程当中,还可以根据具体的情况,使用"特殊"与"其它"中的一些功能,以达到简化工艺处理的目的。

第二节　纹板冲孔

对于以前老式的织机而言,由于龙头是机械式的,所以需要用纸板来控制纹针的提升,最先的时候是由工艺设计人员先在大的意匠纸上将织物的组织规律点出来,然后由其他的工作人员根据这些已经画好的意匠图用手工的方法将这些意匠图分别轧成单张的纸板,这种老式的方法不但费时费力,而且设计一个新的花型的时间也很长,所以在纹织 CAD 系统出现以后,人们便在 CAD 系统上将纹样的意匠设计出来,然后处理成特定的文件格式,将这个文件拷贝入冲孔机中就可以用冲孔机进行自动的冲孔了,这样的设计方法比起以前老式的设计方法效率可以提高几十倍以上,所以现在已经被大部分的生产厂家所采用,本章将就冲孔机的具体应用以及使用过程中的一些问题进行说明。

一、冲孔机的工作原理

冲孔机冲孔的原理,简单来说就是将在纹织 CAD 系统中做出的纹板文件(后缀名为 WB),通过冲孔程序将它们转换为电磁信号,然后由这些电磁信号来控制机器是否冲孔(有信号即是有孔,没信号就是没孔)。现有冲孔机由两部分组成,一部分是机械部分,另一部分是计算机部分。当第一部分(即机械部分)通电运转后,通过一系列传动,把动力传递给行页信号盘(行页信号盘就是冲孔机中的两个有缺口的圆盘,其中靠近上面的一个是行信号盘,行信号盘每转过一圈,计算机便会收到一行的纹板信息;靠近下面的一个是页信号盘,页信号盘每转过一圈,计算机便会收到一张的纹板信息,行信号盘的转速比页信号盘的转速快很多),行页信号盘顶上安装有光管,在大部分时间里光管两极被行页信号盘遮住,不导通。只有当信号盘的缺口经过光管时,光管两极才导通,发出一个信号,传递给计算机,计算机经过内部处理后,输出一个冲制纹板的信号给冲孔机的电磁继电器,通过控制电路的电磁继电器通电与否,来控制是否轧制纹板。轧制纹板时,行信号盘与主轴同步,页信号盘在主轴转过所冲总的行数时,才转过一圈,也就是一张纹板。主机发出的信号由并行口输出。驱动电磁继电器需 16.2V 左右的电压,光管工作电压为 5V。

二、计算机部分的安装

(1)电源固定在主机上,接好 220 V 输入电源和 16.2V 输出电源。电路板插入 PCI 插槽,插上 16.2V 电源(4 针)和 5V 电源(2 针)。

(2)25 芯排线一端插在电路板的 25 针插座上,另一端插在计算机的并口。

(3)37 芯排线一端插在电路板的 37 针插座上,另一端插在冲孔机左侧电路板的 37 芯插座上。

三、光管的安装

(1) 将光管固定在行页信号盘上方的固定架上。行信号盘在主轴上,页信号盘在齿轮箱处。拧紧螺丝后,光管应与行页信号盘之间留有空隙,否则光管易坏。

(2) 其次是将光管信号线的 10 针插头插在冲孔机左侧电路板的 10 针插座上。

四、计算机的操作

(1) 接好电源线,开启显示器,再开启主机。

(2) 在 C:/WB>目录下,插入拷贝有纹板的软盘,拷贝所要冲的纹板到冲孔机电脑中。

例:C:/WB>COPY(空格)A:16CS. WB(回车)。

(3) 在 C:/WB>目录下,键入冲孔程序(空格)键入纹板名(回车)

例:C:/WB>WB5(空格)16CS. WB(回车)

其中的 WB5 为冲孔程序,根据所用的冲孔程序的不同,WB5 也有可能为 JH、JH16 或别的一些程序。

(4) 此时会出现以下画面:

浙江大学经纬自动化工程公司:

确定 C 盘有纹板文件后回车

此时再回车就可以了,如果出现没有发现文件的提示,则表示在前一步中输入的纹板文件在计算机中是不存在的,应该再将要冲孔的文件重新拷贝一次。

(5) 此时屏幕出现主项选择:

1:无前后造　2:前造　3:后造　4:退出

确定选项后键入数字,然后回车。

屏幕出现:

1:全部冲　2:部分冲　3:退出

全部冲:表示冲纹板时,从第一张纹板一直冲到最后一纹板。

部分冲:表示冲纹板时,可选择从第几张开始冲,共冲几张。

具体操作时同样是确定选项后键入数字,然后回车。

例:选择 2(回车);键入 101,50(回车)

表示从第 101 张开始,冲到第 150 张。

(6) 当屏幕出现一张纹板后,放入纸板,开启冲孔机开始冲孔。

在计算机的操作过程中有以下的一些问题应当注意:

① 在已经装好的冲孔机电脑中会有一些冲孔程序文件和一些供测试用的纹板文件,其中冲孔程序文件的后缀名为 EXE,这些常见的冲孔程序文件和测试纹板文件主要有以下一些:

ⓐ 冲孔程序文件:JH. EXE(无计数孔);JH16. EXE(有计数孔);WB5. EXE 冲 16 针纸板;2W5. EXE 冲 12 针纸板;J8. EXE 冲 8 针纸板。

ⓑ 测试纹板文件:16CS. WB 是 16 针测试纹板;12CS. WB 是 12 针测试纹板;8-CS. WB 是 8 针测试纹板。

② 系统启动时不要插入软盘,拷贝、冲孔都在 C:/WB>目录下执行,不能在 C:>目录下执行,误操作会导致系统不能启动。

③ 当选择部分冲孔时应输入:开始页,页数。注意在开始页与页数之间一定是输入逗号的。

④ 用 JH 或 JH16 冲孔时,可以按键盘上的数字键 1 和 2 来预览和检查要冲的纹板文件,其中 1 就相当于行信号,2 就相当于页信号。

⑤ 常用的一些计算机的 DOS 命令:

ⓐ 拷贝命令:COPY(空格)A:文件名(回车)。将 A 盘中的文件拷贝入当前的文件夹中。

ⓑ 查看命令:DIR:(回车)。查看当前文件夹中的文件,如果要查看其它文件夹中有什么文件,可以在 DIR:后键入文件夹的具体路径就可以了。

例如:DIR:A(回车),就可以查看 A 盘中的文件了。

ⓒ 删除命令:DEL(空格)文件名(回车)。可以通过该命令删除一些不需要的文件。

例如:DEL AA.WB(回车)。则将当前文件夹中名为 AA.WB 的纹板文件删除了。

五、常见问题的分析与处理

1. 屏幕显示一张纹板后,不显示下一张纹板

(1) 行页信号光管损坏或光管上的连线脱落。

解决方法:重新焊接光管或换一根新的光管。

(2) 光管的工作芯线有一根或几根接触不良。

解决方法:换光管。

(3) 电路板上的 14(14 表示芯片的型号,以下的说明中同此)芯片损坏。

解决方法:换芯片。

(4) 光管工作电压没有 5V。

解决方法:调高光管工作电压。

一般以第 1 种情况最常见。

2. 屏幕显示正常,冲孔机不冲孔

(1) 220V 输入电源没有。

解决方法:检查电脑中的冲孔机电源是否接通,如果没有接通将它接通;检查电脑中的冲孔机电源是否已经损坏,如果已经损坏要换一个新的电源。

(2) 16.2V 输出电压错误。

解决方法:调整电源的输出电压至 16.2V 左右。

(3) 25 芯排线插在电路板的 25 针插座上的一端方向反了。

解决方法:调整 25 芯排线插在电路板的 25 针插座一端的方向。

3. 冲出的纹板出现多孔现象

(1) 多孔这针的吸头顶上螺丝位置太低。合理的位置应是,顶头螺丝压至最低点,吸头与线圈间存在一点距离以保证正常冲孔,但同时又不会造成太大的机械磨损。

解决方法:适当调高顶头螺丝的位置。

(2) 电路板上的工作芯片 373 或 2003 损坏。

解决方法:调换电路板上的 373 或 2003 芯片。

(3) 打击板上多孔这针的弹簧失去弹性或拉断。

解决方法:调换打击板上的弹簧。

（4）多孔这针的钢丝拉杆弯向不够弯。

解决方法：调整钢丝拉杆的弯向或换钢丝拉杆。

（5）驱动电压过高或线圈被磁化。

解决方法：调低电压，贴块胶带纸在被磁化的线圈上。

（6）电脑的打印并口不太好。

解决方法：更换电脑的主板。

4. 冲出的纹板出现少孔现象

（1）少孔这针的吸头顶上螺丝位置太高。

解决方法：适当调低顶头螺丝的位置。

（2）电路板上的工作芯片 373 或 2003 损坏。

解决方法：调换电路板上的 373 或 2003 芯片。

（3）冲孔机上的线圈烧坏。

解决方法：更换线圈。

（4）少孔这针的钢丝拉杆弯向太弯。

解决方法：调整钢丝拉杆的弯向或换钢丝拉杆。

（5）电脑的打印并口不太好。

解决方法：更换电脑的主板。

5. 冲出的纹板孔杂乱无章

（1）行信号盘的位置不对。在吸头至最低位置时，其缺口与光管的夹角，机前看最好为右 $30°\sim45°$ 左右。解决方法：调整行信号盘的位置。

（2）打印口或总线输出的控制信号有问题。

解决方法：更换电脑的主板或更换 37 芯排线。

（3）电路板有问题。

解决方法：更换电路板。

6. 冲出的纹板大孔位置不对称

页信号盘位置不对。解决方法：如果大孔靠前应变慢，靠后应加快，机前看顺时针调为加快，逆时针调为变慢。页信号盘转一圈一张纹板。相差半个或一个孔位，可精调，调纹板输送杆位置以控制纹板的迟送或早送。注：精调时，纹板输送杆不能顶到前端纹板工作台，以免撞断轴承。

7. 冲出的纹板孔不圆或冲出的孔有毛刺：冲模有磨损

解决方法：更换冲模。

六、冲孔机的日常维护和保养

（1）经常给冲孔机的齿轮连接处加油，其中冲模上海绵处应加缝纫机油，其余部分加普通机油。

（2）保持光管的清洁。

（3）保持电磁继电器部件的清洁。

第三节　纹板格式

当对织物进行了正确的工艺处理之后,就能够得到需要的织造文件了,由于提花织物织造时所用的龙头是各不相同的,所以最后处理出来的织造文件也是有很多种格式的,本章对这些不同的织造文件格式进行说明。

一、纹板文件

这是一种老式的织造文件的格式,适用于机械龙头的织造,这种类型的织造文件是用来冲纸板的,其后缀名为 WB,当将文件处理为 WB 文件时,除了可以打开整个 WB 文件进行检查之外,还可以利用工艺中的纹板检查进行单张纹板的检查,如果需要的是纹板文件,则在工艺中最后处理时应该选择"纹板"或"纹板 2",WB 文件最后体现在冲出的纸板上是与其对应的,WB 文件中的经组织点即表示纸板上有孔,纬组织点就表示纸板上没孔。

二、EP 文件

这是目前最通用的一种电子龙头的织造文件的格式,最初是英国 Bonas 公司生产的电子龙头所用的文件格式,目前国内的大部分龙头生产企业采用的也是这种文件格式,在纹板处理时选择 Bonas 就可以了,最后处理出来的文件后缀名为 EP,对于 EP 文件来说,处理好之后只需将EP 文件拷贝到软盘中,然后将软盘中的文件输入织机,另外还有一种非标准的 EP 文件,那么在处理之前要先将文件选项中的非标准 EP 选中,这样处理出来的文件才能正确的输入织机。

三、JC3、JC4 文件

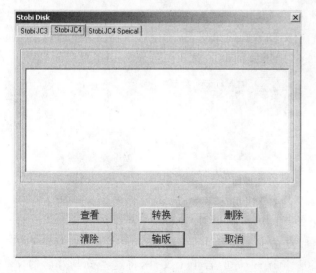

图 7 - 41　JC4 文件输入

这是早期的史陶比尔(Staubli)电子龙头所用的一种织造文件的文件格式,其后缀名为 JC4,在纹板处理时选择 Stobi JC3/JC4 就可以了。但要注意该种文件的磁盘输出不是简单的将文件拷贝入软盘就可以了,而是要通过软件中的磁盘输出功能来将处理好的 JC4 文件输入软盘,然后再将文件输入织机,磁盘输出功能在工艺菜单中,在输盘时,首先打开 JC4 文件,然后点工艺中的磁盘输出功能,便会跳出如图 7 - 41 的磁盘输出界面:

当要输入一个新的 JC3 或 JC4 文件到磁盘中时,应先打开这个 JC3 或 JC4 文件,然后用磁盘输出功能,在软驱中插入一张软盘,如果这是一张以前用来输入过 JC3 或 JC4 文件的软盘,则可以直接点击输版,将当前的JC3 或 JC4 文件输入软盘中,但如果用的软盘是以前从没用来输过 JC3 或 JC4 文件的软盘,则先用清除功能将该软盘转换为 JC4 软盘,然后才能输版。对于已经有 JC3 或 JC4 文件的软盘来说,可以用查看功能查看其中的文件名称以及经纬线数,以方便输盘,也可以用删除功能将不需要的文件选中后删除就可以了,如果用清除的话,则将软盘中的所有文件删除。对于型号不同的龙头来说,可以根据具体的龙头在上面的选项中选择 Stobi JC3、Stobi JC4、Stobi JC4 Special,以便正确的输入织机龙头能识别的织造文件格式。

四、JC5 文件

JC5 文件同样是史陶比尔(Staubli)电子龙头所用的一种织造文件的文件格式,其后缀名为 JC5,是比较新的龙头所用的织造文件的格式,处理时选择 Stobi JC5 就可以了,这种类型的织造文件输盘更方便,只需将它们拷贝入软盘,然后将软盘中的文件输入织机龙头就可以了。JC5 文件又分为分区和不分区的,其中所谓的分区即是将样卡中的主纹针与辅助针分为两个区,不用分区的样卡就照普通的做法来做就可以了,对于要分区的 JC5 文件来说,要进行以下的一些步骤后才能生成正确的适合织造文件的格式:

(1) 先将文件选项中的使用 JC5 分区选中,然后在 EP 控制针区长度中输入辅助针区的纹针数,一般为 32 针。

(2) 当选中 JC5 分区之后,在纹板处理时便会跳出如图 7 - 42 所示的 JC5 分区界面。在区名中可以输入给当前区起的名字,类型中一般选择 1 就可以了,大小中输入设定的区中一共有多少纹针。在将以上的一些参数设定好之后就可以点加入,设定的分区便会加入左面的框中,当将所有的区都加入了之后,就可以保存设定的这个分区文件了,在下次需要的时候可以直接调出来加以应用。也可以利用插入、删除和修改对已经设定好的分区文件加以修改。

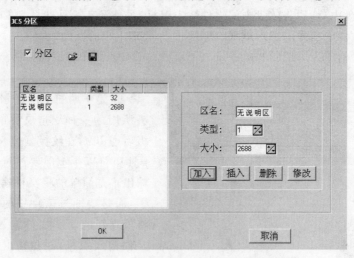

图 7 - 42   JC5 分区界面

对于 JC5 文件而言,如果 JC5 文件过大,一个软盘拷贝不下的话,可以先用工艺中的 JC5 文件分割将一个大的 JC5 文件分割为若干个文件之后再进行输盘。分割时先打开一个 JC5 文件(一定要大于一个软盘的容量,既 1.44M),然后点击工艺中的 JC5 分割就可以了,分割后的 JC5 文件,根据文件的大小分割为后缀名分别为 j01、j02……等的若干个文件,将这些分割好后的文件分别输入软盘之后就可以进行输盘了,例如一个名字为 11.JC5 的文件经过分割之后就生成了 11.j01、11.j02……文件。

五、ZDMul、MuloadII、MuloadIII(UNI)、MuloadIII(UPT)文件

这几种类型的文件都是 MULLER 织机的文件格式,从前到后依次为从旧到新的 MULLER

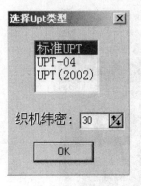

图 7 - 43　UPT 文件处理对话框

织机文件格式，它们主要用于商标与地毯的织造，其中的 ZDMul 处理出的织造文件的后缀名为 MU2，MuloadII 处理出的织造文件的后缀名为 CMS，MuloadIII（UNI）处理出的织造文件的后缀名为 UNI，MuloadIII（UPT）处理出的织造文件的后缀名为 UPT。其中的前 3 种都没什么特别之处，但后缀名为 UPT 的文件在处理时会跳出对话框如图7 - 43所示。

在该对话框中根据龙头的型号选择具体的文件格式（有标准 UPT、UPT-04、UPT（2002）三种），然后在下面的织机纬密中输入使用织机的织机纬密后点 OK 就可以了。

MULLER 织机这几种类型的织造文件都只需要拷贝到软盘，然后从软盘输入织机就可以织造了。

织造文件主要就是以上的几种格式，其它根据织机龙头的不同以及别的一些原因还有很多的织造文件的格式，但是都是不常用的，它们的基本原理与以上几种都是相似的。

第四节　织物模拟

随着纹织 CAD 技术的发展，现在正向着设计织物的实物模拟的方向发展，所谓的织物模拟就是将在纹织 CAD 系统中设计出的织物在计算机中进行实物的模拟，得出一个较逼真的织物实样的模拟图，随着计算机技术的发展以及编程人员对程序的不断改进，现在所做出的织物模拟效果图已经越来越接近织物的实际织造效果了。本章将就织物模拟的操作以及模拟过程中出现的一些具体问题向读者进行详细的说明。

对于大提花织物的模拟主要分为纱线的设计、织物组织的设计以及织物的模拟三个方面。

一、纱线的设计

纱线的设计就是将在织物中用的经纬纱线设计出来，其中会涉及到纱线的一些相关参数。在设计时可以在织物模拟软件中首先打开纱线设计的功能，打开该功能后将会出现如图7 - 44所示的操作界面：

纱线的设计过程主要有以下几步：

1. 纱线股数的设计

纱线有可能是单股纱，也有可能是多股纱，在这里根据纱线的具体情况来选择纱线股数，这里可供选择的具体的纱线的股数最大为 3。

2. 纱线中股线的粗细的设定

可以在其中设定纱线中每一股纱的粗细，纱线的粗细最细可以取 10tex，最粗可以取 100tex，分别设定每股纱的粗细。

3. 纱线亮度设计

对于明暗程度不相同的纱线来说，可以用纱线的亮度设计确定纱线的亮度，纱线的亮度从暗到明分别从 0 到 5，其中的 0 表示最暗，5 表示最亮。

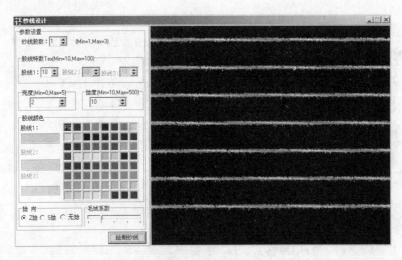

图 7 - 44　纱线设计界面

4. 纱线捻度设计

纱线的捻度从 10 到 500 分别不等（分别表示每 10cm 中纱线的捻数）。

5. 纱线颜色设计

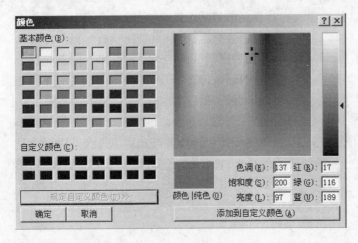

图 7 - 45　色带选择图

可以根据纱线的颜色设计纱线，其中右面有 64 种常见的颜色，可以选择其中的任何一种来作为设计纱线的颜色，当对这些颜色都不满意时，可以在该种纱线的色条上单击鼠标右键，则会跳出如图 7 - 45 所示的颜色调整与选择框，点选"规定自定义颜色"，就可以在右面的色带调整框中调整所需要的颜色，当调整某种颜色至所需的颜色后，点击确定就可以了，在这里设计的是每股线的颜色，如果所用的纱线是多股纱线的话，要分别设计每股纱线的颜色；这里的颜色可以设计很多种的色调，颜色为 32 位的加强彩色。

6. 纱线的捻向

根据纱线的加捻方向，在其中选择 Z 捻（即左捻）或 S 捻（即右捻），如果设计的纱线没有加捻选择无捻就可以了。

7. 纱线毛绒系数

根据纱线的毛绒度有若干个档次供选择，从左到右依次为毛绒度从弱到强。

8. 保存设计纱线

当将纱线的各项参数都填好,认为在右面的预览框中显现的纱线达到要设计的纱线的要求时,选择上方的纱线保存,给设计的纱线起个名字保存起来就可以了,纱线文件的后缀名为 yrn。

二、织物组织的设计

大提花织物的组织设计是在纹织 CAD 系统中完成的,在纹织 CAD 系统中做出的织造文件就是在模拟中需要用到的文件,即后缀名为 EP 的文件,只需先在纹织 CAD 系统中做出 EP 文件就可以了。

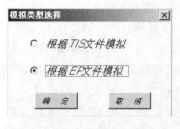

图 7 - 46　织物模拟选择框

三、织物的模拟

当将织物的组织和纱线都设计好之后,就可以在织物模拟软件中将织物的实际织造效果模拟出来了,模拟的具体操作步骤如下:

（1）首先打开织物模拟选项,会跳出图 7 - 46 所示的选择框,如果要模拟大提花织物的效果的话,只需要在其中选择根据 EP 文件模拟后确定就可以了。

（2）在选择根据 EP 文件模拟之后就会出现 7-47 所示的织物模拟对话框。在此对话框中,应该按照以下的一些顺序进行织物的模拟设置:

① 读入备选经线

即将在纱线设计中设计好了的、模拟织物要用的经线调出来,用了多少种经线就调出多少种经线,从左至右依次为第 1 种经线到第 8 种经线。如果对调出的某种经线需要进行调整的话,则选择该种经线,然后点击修改当前经线,则画面会回到设计纱线的画面,接下来就可以对纱线进行修改了。

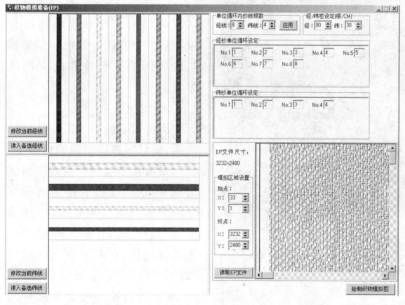

图 7 - 47　织物模拟对话框

② 读入备选纬线

同读入备选经线相同,将要用到的纬线选出就可以了,同经线相同,也可以对选出的纬线进行修改,以达到满意的效果为止。

③ 单位循环内经纬线根数的设定

分别在经线和纬线中填入一个循环的经纬线数,确定后点应用就可以了。例如某织物有 2 色经、3 色纬,经线循环为甲、乙、甲、甲、乙,每个循环为 5 根,则在经线中应填入 5;纬线循环为甲、乙、丙、甲、乙、乙、丙、丙,每个循环为 8 根,则在纬线中应填入 8。

④ 经纬密设定(根/cm)

在其中分别输入模拟织物的经线密度和纬线密度,单位为根/cm。

⑤ 经纱单位循环设定

即将经纱的循环顺序填入下面的表格中,如图 7-47 所示的经纱循环就是 8 色经纱分别按照 1、2、3、4、5、6、7、8 的顺序来循环的。

⑥ 纬纱单位循环设定

同经纱单位循环设定。

⑦ 读取 EP 文件

就是将纹织 CAD 中做好的 EP 文件调出,选择读取 EP 文件,将要模拟的 EP 文件调出,当将要模拟的 EP 文件调出之后,在 EP 图的左方会显示当前 EP 文件的大小,在模拟区域中可以填入要模拟的 EP 文件的区域,起点中的 X、Y 分别表示要模拟区域的起始经纱和起始纬纱位置,终点中的 X、Y 分别表示要模拟区域的结束经纱和结束纬纱位置。

⑧ 织物模拟

当将以上的一些工作都做好之后,就可以进行织物的模拟了,我们只需点击绘制织物模拟图就可以了,这时模拟的速度是和电脑的配置有很大关系的,特别是电脑的内存,内存越大则模拟的速度就越快,在左下方会显示模拟的进度。当进度条升至 100% 时,织物的模拟图便会显示在当前的窗口中,可以用鼠标的左右键控制该模拟图型的大小,其中左键为放大,右键为缩小。也可以将该模拟好的图形保存为后缀名为 BMP 的位图图像文件,在

图 7-48 织物模拟效果图

需要时可以调出来使用,也可以在别的图形处理软件中打开。图 7-48 就是一个大提花织物的最终模拟效果图。

在进行大提花织物的模拟时,有以下一些问题是应该了解与加以注意的:

（1）由于大提花织物的模拟对电脑硬件的要求比较高，所以如果要使用大提花织物模拟软件的话，应该配置好一些的电脑硬件，就目前的情况来说，一般配置如下：CPU 为 P42.4G 以上，内存为 512M 以上，显卡显存为 32M 以上，显示器为 19 寸以上的，其中尤以内存的大小对模拟软件的影响最大，内存越大，织物模拟的速度也就越快。

（2）在经纬纱的单位循环设定中，所填入的经纬纱循环应该与在做该织物的 EP 文件时所设定的顺序相一致。

（3）在设定模拟范围时，X 的起点中应填入样卡中主纹针是从哪一针起始的，Y 的起点就是 1；X 的终点就是样卡中主纹针的结束位置，Y 的终点就是所做织物的总纬线数。当然如果只是要模拟某提花织物的某一部分的话，也可以在起始 X、Y 与终止 X、Y 中输入想要模拟的范围。

（4）模拟图的打印：模拟好后的织物效果图可以打印出来，在模拟软件中只需要点击效果打印就可以了。如果要打印出来的效果比较好的话，应该选用较好的打印机以及较好的打印纸（最好是用相片纸打印）。

第八章　提花织物设计实例

第一节　纹织 CAD 的应用流程

各种提花织物虽然是各有不同,但是在纹织 CAD 中的应用流程是基本相同的,下面就提花织物在 CAD 中的具体工艺流程进行一个简要的说明。

(1) 确定纹样大小

首先确定提花织物纹样的经线和纬线,然后确定经向循环宽度(cm)、纬向循环宽度(cm),即确定提花织物花回的大小。

(2) 确立纹样经纬线数

确定提花织物纹样的经线密度(根/cm)和纬线密度(根/cm)。

(3) 将纹样放入扫描仪

如果提花织物是需要扫描输入的话,则将提花织物的纹样(布样、画稿等)按经线垂直、纬线水平的方向,正面朝下放入扫描仪中。

(4) 确定扫描分辨率及扫描的大小

其中的分辨率分为经向分辨率和纬向分辨率:

经向分辨率＝经线密度×2.54

纬向分辨率＝纬线密度×2.54

对于只需输入一个方向的分辨率的扫描仪来说,只需要输入经向分辨率就可以了。

扫描的大小就是提花织物的花回的大小,如果花回太大,不能一次完成扫描的话,就需要将提花纹样分为若干个部分,依次扫描,最后将扫描的这若干幅图稿拼接在一起。

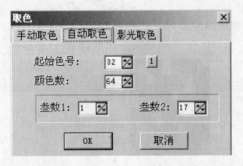

图 8-1　选色

(5) 选色

图像扫描出来后,要对图像进行选色,如图 8-1,选色有自动选色,手动选色以及影光选色之分,对于一般的色彩差别度很大的图稿或纹样采用手动选色(如商标、手描稿等),色彩差别度不大的图稿或纹样采用自动选色(装饰布等),影光选色可以用来对一些黑白像景织物进行选色。具体的选色方法可以参考纹织 CAD 概述一章。

对于选色需要特别指出的是,当某些纹样不能一次扫描完成时,只在扫描第一幅纹样时做选色这一步,其余的图样扫描后不需要做选色这一步,可以直接分色。

(6) 分色

选色之后对扫描图样进行分色,只需点分色功能就可以了,软件会自动根据所选色进行分色。

(7) 拼接

如果图像是分多次扫描的话,用"特殊"中的"拼接"功能先将这些图像拼接在一起。

(8) 设置小样参数

打开小样参数设置对话框,在其中填入经线密度、纬线密度,经线数、纬线数这四个参数,其余的参数不用修改。

经线数＝经线密度×纹样花回宽度

纬线数＝纬线密度×纹样花回高度

参数确定之后按 OK，跳出如图 8－1 对话框，将三个选项均选中后按 OK。这其中的"将原图缩放"选项就是确定是要将原图进行缩放还是在原图的基础上进行经纬线的增加或减少，如果选中此选项的话，就是在原图的基础上进行图形的缩放，不选则是在原图的基础上进行经纬线的增减。由于此时是要在原图的基础上进行图形的缩放，所以应将"将原图缩放"选中。

（9）保存文件

设定好提花织物的小样参数之后，就可以将初稿进行存盘了，点击保存文件，将文件保存在指定的文件夹中。

（10）修改图稿

保存好文件之后就可以对图稿进行修改了，修改时可以充分的利用绘图项中的相关工具以及另外的相关工具对图样进行修改。修改时，是以织物中组织的种类来区分颜色的，简而言之，就是织物中的一种组织用一种颜色来表示，织物有多少种组织，在最后的图样文件中就有多少种颜色。在 Jcad 中最多可以有 100 多种颜色可以调用，也就是说，可以设计组织超过 100 种的提花织物。也可以利用别的一些绘图软件对图样进行修改，最后只需将修改好的图样调入 Jcad 中就可以进行其余的工艺工作了。

（11）组织分析

画好图稿之后，就应该认真分析出织物的每一种组织了。可以将分析出的组织做好之后保存在 Jcad 的组织库之中，做组织以及保存组织的方法可以参考提花织物的工艺设计一章。

（12）铺组织

将做好的组织铺入小样中，也可以不铺，在组织表中直接填入组织代号。铺组织的具体方法参考提花织物的工艺设计一章。

（13）生成投梭与保存投梭

即根据提花织物的纬纱情况来确定投梭，然后将投梭保存。

（14）填组织表

根据织物的组织填写组织表。

（15）建立样卡

即根据织造当前提花织物的具体提花龙头的纹针吊挂形式建立样卡。

（16）填辅助组织表

即根据样卡中的辅助针在辅助组织表中填出这些辅助针的组织来。

（17）纹板处理

根据提花织物的类型以及织机装造情况、提花龙头型号来选择具体的最后需要的织造文件的类型，处理后即可以得到生产所需要的织造文件。

（18）纹板检查

就是对最后所得到的纹板文件（即织造文件）进行检查。如果处理的是 WB 文件的话，可以利用纹板检查功能来分别检查单块的纹板，如果是别的类型的文件的话，则可以打开具体的文件类型来检查整体的纹板文件。

以上是对 Jcad 的整个工艺流程进行了一个大概的说明，对于不同品种的提花织物来说，其具体的操作步骤会有所不同，应视具体的织物来确定整个操作步骤。

第二节 单层提花织物的工艺设计

所谓的单层纹织物就是指由一组经线和一组纬线交织而成的提花织物，它是提花织物中最简单的一类,这类织物有一个显著的特点就是所有的经线(纬线)之间都是平行的关系,不会出现相互重叠的现象。

由于单层提花织物的经纬线都只有一组且互相平行,所以单层提花织物的正反面是互为效应的。也就是说某织物正面呈现经面效应时,反面一定呈现纬面效应,反之亦然。

单层提花织物的经纬线如果选用同一种颜色的纱线的话,花纹就主要是通过组织的变化来实现了。如果经纬线采用的是不同颜色的纱线的话,除了通过组织表现花纹之外,还可以通过经纬线之间颜色的搭配来表现花纹。比如用不同颜色的经纬线交织成平纹组织,则平纹组织会呈现闪色效应。如果经纬线采用彩条排列的话,就可以织造出彩条效应或彩格效应的织物了。

单层提花织物的经纬线可以采用相同原料的纱线,也可以采用不同原料的经纬纱。当经纬纱采用不同的原料时,应选用质量好的纱线作为经纱。

对于单层提花织物一般是以地组织的结构来区分其基本类型的,主要可以分为平纹地单层提花织物、斜纹地单层提花织物、缎纹地单层提花织物以及特别地组织单层提花织物。下面分别就这四种类型的单层提花织物举例进行说明。

一、平纹地单层提花织物

平纹地单层提花织物就是指地组织为平纹的单层提花织物,平纹地的单层提花织物地部平挺紧密,可以设计经纬密较小的轻薄织物,当经纬密较大时可以获得质地坚实挺括的提花织物。

例一　某单层提花织物,其地部为平纹,起花部分分别为 8 枚纬面缎纹组织以及 5 枚经面缎纹组织两种组织。织物的成品经密为 75 根/cm,成品纬密为 46 根/cm。织物成品的一个花回的宽度为 16cm,高度为 13cm,采用单造单把吊的上机装造织造,在 1200 针的机械龙头上织造,织机为剑杆机,边针一共用 24 针,边组织为平纹组织。试在 Jcad 中设计该织物的上机织造文件(即纹板文件)。

解　该织物可以分为以下一些步骤进行设计:

1. 织物小样参数确定

经密＝75 根/cm　纬密＝46 根/cm

经线数＝经密×花回宽度＝75×16＝1200 根

纬线数＝纬密×花回高度＝46×13＝598 根

经线数 1200 针正好符合织机规格,且能够整除 2、5、8,所以经线数就取 1200 根。纬线数 598 不能被 5 和 8 整除,所以将纬线数修正为 600 根。

2. 绘图

小样参数确定之后,就可以进行绘图了,在绘图时要注意,由于该提花织物的地部为平纹,而花部分别为 8 枚纬缎和 5 枚经缎,地组织与花组织的松紧程度相差很大,所以花纹的块面不应太大,且花纹排列要尽量均匀。

3. 设色

由于该提花织物有三种组织,所以最后画好的纹样中应该有三种颜色,此处假定 1 号色为地部的平纹组织,2 号色为 8 枚的纬面缎组织,3 号色为 5 枚的经面缎组织。

4. 勾边

此提花织物的地部为平纹组织,所以 8 枚纬缎的花纹(即 2 号色)需要应用双起平纹勾边来进行勾边处理,5 枚经缎的花部(即 3 号色)需要应用单起平纹勾边来进行勾边处理。最后画好的小样图如图 8 - 2 所示。

图 8 - 2　单层平纹提花织物小样图

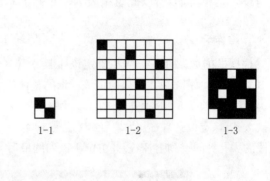

图 8 - 3　织物组织图

5. 组织分析

在 Jcad 中做出该织物的三种组织,将其分别起名后存入组织库之中(若组织库中已经有要做的组织,此步可以省去不做,在以后的操作中直接取出用就可以了)。本例中分别将三种组织起名为 1-1、1-2、1-3 之后存入组织库 sd 之中。

6. 生成、保存投梭

生成该织物的投梭文件。由于该织物只有一纬,所以只需要生成一梭从头至尾长织就可以了,保存投梭时也只需要选择保存一梭就可以了。

7. 填组织表

根据织物的组织将前面步骤中所做的每一种组织分别填入组织表中,由于只有一纬,所以只

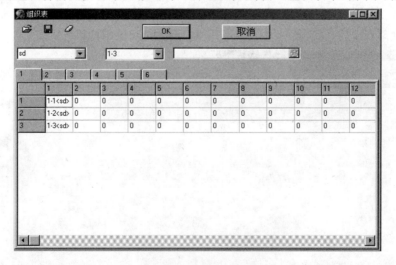

图 8 - 4　织物组织表

需要在每种颜色对应的组织表中填入一纬就可以了。最后填好的组织表如图 8 - 4 所示。在填组织表时一定要注意将织物意匠图中的颜色与其组织正确的对应,不可以将某种组织填入与其不相对应的颜色之中。由组织表可以看出意匠图中的 1 号色所织组织为组织库 sd 中的 1-1 号组织,2 号色所织组织为组织库 sd 中的 1-2 号组织,3 号色所织组织为组织库 sd 中的 1-3 号组织,这与设定是相符的,所以此组织表为一正确的组织表。

8. 建样卡

根据提花龙头的型号,可以确定该样卡为 16×98 的样卡,为三段的样卡,其穿绳孔(小孔)分别位于 1、33、66、98 列上,由此可以确定该样卡的整体轮廓。在设计主纹针时,可以将中间一段共 28 列均设定为主纹针(共 448 针),此时还剩 752 针主纹针,左右两段各 376 针,左右两段的主纹针靠中间部分都紧挨大孔针(定位孔)。边针 24 针分别位于样卡左右两段的主纹针边上两列。梭箱针共 6 针位于样卡左段的大孔针同一列上,停撬针也位于该列的最后一针。最后做出的该龙头的样卡如图 8 - 5。

图 8 - 5　样卡图

该样卡做好之后,将其起名 1200. yk 存入电脑中,以方便以后调用。如果电脑中已有该样卡的话则不用做此步。

9. 填辅助组织表

建立好样卡之后,就可以填辅助组织表了,在辅助组织表中对样卡中的辅助功能针进行必要的设定。打开辅助组织表之后,就可以在"样卡文件"中选择织造该织物所用的样卡了,此例中应该选择 1200. yk。选择好样卡之后,在辅助组织表中便出现了与样卡中辅助针相对应的颜色。只需要根据这些辅助针组织填入相应的组织就可以了。由于该织物为一纬常织,所以辅助组织表也只用填一纬就可以了。该样卡的梭箱针组织为 6-1-1(sb)的左斜 6 枚斜纹组织;不用停撬,所以停撬针不用填;边针组织为 3(sa)的平纹组织;大小孔针不用填。最后填出的辅助组织表如图 8 - 6。

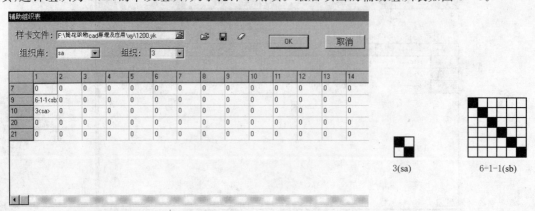

图 8 - 6　辅助组织表

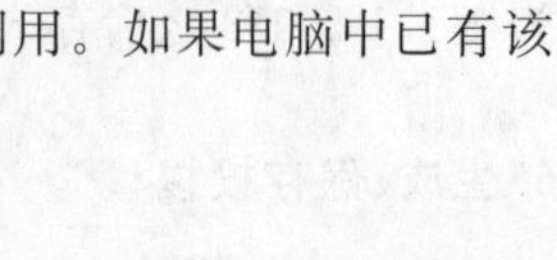

3(sa)　　　6-1-1(sb)

图 8 - 7　组织图

10. 纹板处理

当做完以上的所有工作之后,就可以进行纹板处理了,纹板处理时可以根据提花龙头的具体型号来选择所要生成的具体织造文件类型,本例为机械龙头织造,所以纹板处理时选择"纹板2",最后可以处理出后缀名为 wb 的织造文件,只需将这个 wb 文件拷入自动纹板冲孔机就可以自动冲出织造该织物所用的纹板了。

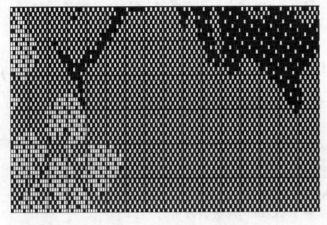

图 8-8　局部纹板图

11. 纹板检查

在将 wb 文件拿去冲孔之前,还应该打开该纹板文件进行纹板的检查。如果纹板文件有不正确的地方,应该重新检查操作步骤,查出错误并修改之后重新处理。也可以直接在织造文件中修改纹针的升降规律。最后处理好的该织物的 wb 文件的局部如图 8-8。

该织物除了有以上的一种做法之外,还有另外的做法,那就是将织物的组织铺入意匠图之中的做法,这两种做法最后处理出来的织造文件都是相同的。但是当织物中的某种或某几种组织有留边或留浮长的情况时,就必需将织物中需要留边或留浮长的组织铺入意匠图之中,只有这样才能在铺组织时控制组织的留边以及留浮长。铺入组织和不铺入组织的做法是基本相同的,只是在保存好组织之后需要将组织用铺组织功能铺入意匠图之中,组织表中对铺入的组织也不再是填入组织代号,而是将经组织点的颜色填 1,纬组织点的颜色填 0。下面就以上面的例子用组织铺入的做法来向读者进行一个说明,以方便读者比较。

在按不铺入组织的做法做完第 5 步之后,应该增加一步将织物的组织铺入意匠图中的工作,铺入组织时可以根据组织的具体情况来决定是否留边及留浮长。在此用 4 号色代表经组织点分别将该织物的 3 个组织铺入意匠图中,在铺地组织时不需要留边及留浮长,铺花组织时适当的留边及留浮长,这样可以增加该织物花组织的立体感。铺好组织之后的组织表如图 8-9 所示。

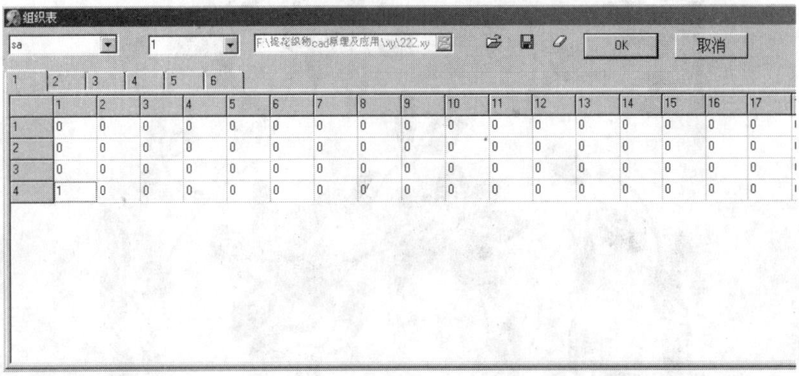

组织表																	
\$a ▾		1 ▾		F:\提花织物cad原理及应用\xy\222.xy ▾							OK			取消			
1	2	3	4	5	6												
	1	2	3	4	5	6	7	8	9	10	11	12	13	14	15	16	17
1	0	0	0	0	0	0	0	0	0	0	0	0	0	0	0	0	0
2	0	0	0	0	0	0	0	0	0	0	0	0	0	0	0	0	0
3	0	0	0	0	0	0	0	0	0	0	0	0	0	0	0	0	0
4	1	0	0	0	0	0	0	0	0	0	0	0	0	0	0	0	0

图 8-9　铺入组织后组织表

其它的步骤与不铺入组织的做法是相同的(包括辅助组织表、投梭、纹板处理等工作)。

二、斜纹地单层提花织物

斜纹地单层提花织物就是以斜纹为地组织的单层提花织物。如果地组织是起纬面斜纹的话,一般配用强捻纬纱,这样可以使地部呈现皱效应而使斜纹线不明显。由于地部为斜纹,所以斜纹单层提花织物的经纬密可以大一些,这样织物的质地就会紧密而柔软。

例二 某单层提花织物,其地部为 4 枚纬面斜纹,起花部分为 8 枚经面缎纹组织。织物的成品经密为 120 根/cm,成品纬密为 53 根/cm。织物成品的一个花回的宽度为 19.8cm,高度为 23cm,采用单造单把吊的上机装造织造,在 2400 针的 stoubli 电子提花龙头上织造,织机为剑杆机,边针一共用 32 针,边组织为经重平组织。试在 Jcad 中设计该织物的上机织造文件(即纹板文件)。

解　该织物可以分为以下一些步骤进行设计:

1. 织物小样参数确定

经密=120 根/cm　纬密=53 根/cm

经线数=经密×花回宽度=120×19.8=2376 根

纬线数=纬密×花回高度=53×23=1219 根

经线数 2376 与织机龙头的规格有出入,所以应将其修正为 2400,且能够整除 4、8,所以经线数就取 2400 根。纬线数 1219 不能被 4 和 8 整除,所以将纬线数修正为 1224 根。

2. 绘图

由于该织物的地部为纬面斜纹,而花部为经面缎纹,所以在绘图时不需要进行特别的处理,地部与花部的交接处只需要自由勾边就可以了。

3. 设色

该提花织物有 2 种组织,所以最后画好的纹样中应该有 2 种颜色,此处假定 1 号色为地部的 4 枚纬面斜纹组织,2 号色为 8 枚的经面缎组织,最后做出的意匠图为图 8 - 10。

图 8 - 10　单层斜纹提花织物意匠图

4. 分析组织

在 Jcad 中做出该织物的两种组织,将其分别起名后存入组织库之中(若组织库中已经有要做的组织的,此步可以省去不做,直接取出就可以用了)。本例中分别将两种组织起名为 2-1、2-2 之后存入组织库 sd 之中。

2-1(sd)　　　2-2(sd)

图 8-11　织物组织图

5. 生成、保存投梭

生成该织物的投梭文件,由于该织物只有一纬,所以生成一梭从头至尾长织,保存投梭时只需要选择保存一梭。

6. 填组织表

根据织物的组织将前面步骤中所做的每一种组织分别填入组织表之中,由于只有一纬,所以只需要在每种颜色对应的组织中填入一纬,填好的组织表如图 8-12 所示。由组织表可以看出意匠图中的 1 号色所织组织为组织库 sd 中的 2-1 号组织,2 号色所织组织为组织库 sd 中的 2-2 号组织,这与设定是相符的,所以此组织表为一正确的组织表。

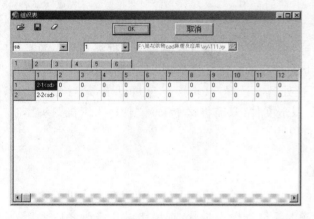

8-12　织物组织表

7. 建样卡

根据提花龙头的型号,可以确定该样卡为 16×168 的样卡,梭箱针共 8 针,分别位于样卡中的第 1 针至第 8 针,梭箱针组织为 8-1-1(sb)。停撬针位于第 9 针;第 17 针至第 32 针为边针;33 针至 2432 针为主纹针,共 2400 针;2433 至 2448 为边针。最后做出的该龙头的样卡如图 8-13 所示(由于样卡过大,所以此图只是样卡的左半部分),将其起名为 2400d.yk 之后存入电脑之中。

图 8-13　样卡图

8. 填辅助组织表

建立好样卡之后,就可以填辅助组织表了,在辅助组织表中对样卡中的辅助功能针进行必要的设定。打开辅助组织表之后,在"样卡文件"中选择织造该织物所用的样卡,此例中应该选择 2400d.yk。选择好样卡之后,在辅助组织表中便出现了与样卡中辅助针相对应的颜色。只需要根据这些辅助针所需要织造的组织填入相应的梭位就可以了。由于该织物为一纬常织,所以辅助组织表也只用填一纬就可以了。该样卡的梭箱针组织为 8-1-1(sb)(图 8 - 15)。该织物不用停撬,所以停撬针不用填,边针组织为 4-2(sa)的经重平组织。最后填出的辅助组织表如图8 - 14。

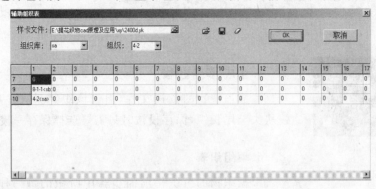

图 8 - 14 辅助组织表

9. 纹板处理

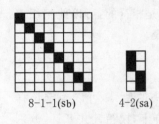

8-1-1(sb)   4-2(sa)

图 8 - 15 织物组织图

当做完以上的所有工作之后,就可以进行纹板处理了,纹板处理时可以根据提花龙头的具体型号来选择所要生成的具体织造文件类型,本例为 stoubli 电子提花龙头织造,所以纹板处理时选择"stobi jc5"就可以了,最后可以处理出后缀名为 jc5 的织造文件,只需将这个 jc5 文件拷入织机龙头控制器之中就可以进行织造了。

10. 纹板检查

在将 jc5 文件拿去织造之前,还应该打开该织造文件进行纹板的检查。如果织造文件有不正确的地方,就应该重新检查操作步骤,查出错误并修改之后重新处理。也可以直接在织造文件中修改纹针的升降规律,最后处理好的该织物的 jc5 文件的局部如图 8 - 16。

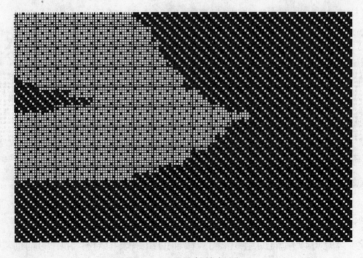

图 8 - 16 局部纹板图

对该织物而言,同样也可以用铺入组织的做法来做,具体的做法与例 1 的做法相同。

三、缎纹地单层提花织物

缎纹地单层提花织物一般以经面缎纹为地组织,而以纬面缎纹为花部的组织,这样地部光滑明亮,而花部则饱满突出,这类织物在单层提花织物中是采用最多的。

例三　某单层提花织物,其地部为 8 枚经面缎纹,起花部分分别为 8 枚纬面缎纹以及 5 枚纬面缎纹组织。织物的成品经密为 115 根/cm,成品纬密为 45 根/cm。织物成品的一个花回的宽度为 20.2cm,高度为 35.3cm,采用单造单把吊的上机装造织造,在 2320 针的前后造机械提花龙头上织造,织机为剑杆机,边针一共用 32 针,边组织为平纹组织。试在 Jcad 中设计该织物的上机织造文件(即纹板文件)。

解　该织物可以分为以下一些步骤进行设计:

1. 织物小样参数确定

经密＝115 根/cm 纬密＝45 根/cm

经线数＝经密×花回宽度＝115×20.2＝2323 根

纬线数＝纬密×花回高度＝45×35.3＝1589 根

经线数 2323 与织机龙头的规格有出入,所以应将其修正为 2320,且能够整除 5、8,所以经线数就取 2320 根。纬线数 1589 不能被 5 和 8 整除,所以纬线数修正为 1600 根。

2. 绘图

小样参数确定之后,就可以进行绘图了,由于该织物的地部为经面缎纹而花部为纬面缎纹,所以在绘图时不需要进行什么特别的处理,自由勾边就可以了。

3. 设色

该提花织物有三种组织,所以最后画好的纹样中应该有三种颜色,此处假定 1 号色为地部的 8 枚经面缎纹组织,2 号色为 8 枚的纬面缎组织,3 号色为 5 枚的纬面缎组织。最后做好的意匠图如图 8-17 所示。

图 8-17　单层缎纹提花织物意匠图

4. 组织分析

由于该提花织物的地组织为经面缎纹,且要在机械龙头上进行织造,为了减轻龙头的提升负担,也为了增加纸板的使用寿命,该织物应该反织(即反面向上织造)。所以在 Jcad 中做出该织物的三种组织均为反面组织,将其分别起名后存入组织库之中(若组织库中已经有要做的组织,此步可以省去不做,直接取出就可以用了)。本例中分别将三种组织起名为 3-1、3-2、3-3 之后存入组织库 sd 之中(图 8 - 18)。

5. 生成、保存投梭

生成该织物的投梭文件,由于该织物只有一纬,所以只需要生成一梭从头至尾长织就可以了,保存投梭时也只需要选择保存一梭就可以了。

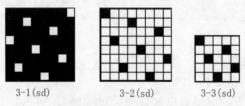

　　　　　3-1(sd)　　　　　　3-2(sd)　　　　　　3-3(sd)

图 8 - 18　织物组织图

6. 填组织表

根据织物的组织将前面步骤中所做的每一种组织分别填入组织表之中,由于只有一纬,所以只需要在每种颜色对应的组织中填入一纬就可以了。最后填好的组织表如图 8 - 19 所示。由组

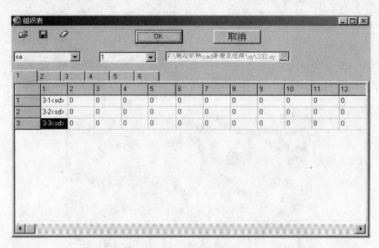

图 8 - 19　织物组织表

织表可以看出意匠图中的 1 号色所织组织为组织库 sd 中的 3-1 号组织,2 号色所织组织为组织库 sd 中的 3-2 号组织,3 号色所织组织为组织库 sd 中的 3-3 号组织,这与设定是相符的,所以此组织表为一正确的组织表。

7. 建样卡

根据提花龙头的型号,可以确定该样卡为 16×162 的样卡,其样卡是分为前造和后造两段

的，前后造各为 81 列。每一造被分为二段，其穿绳孔（小孔）分别位于 1、41、81、82、122、162 列上，由此可以确定该样卡的整体轮廓。在设计主纹针时，前后造分别都放 1160 针，边针 32 针分别位于样卡前后两造的两头。此龙头没有梭箱针，投纬是由织机中的纬纱控制机构来控制的，在此可以不用考虑。停撬针也是没有的，所以此样卡中是没有梭箱针和停撬针的。最后做出的该龙头的样卡如图 8-20 所示（由于图形大小限制，此处所显示为该样卡的前造部分以及后造的一小部分）。将其起名为 2320j.yk 之后存入电脑之中。

图 8-20　样卡图

8. 填辅助组织表

建立好样卡之后，就可以填辅助组织表了，在辅助组织表中对样卡中的辅助功能针进行必要的设定。打开辅助组织表之后，就可以在"样卡文件"中选择织造该织物所用的样卡了，此例中应该选择 2320j.yk。选择好样卡之后，在辅助组织表中便出现了与样卡中辅助针相对应的颜色。只需要根据这些辅助针所需要织造的组织填入相应的梭位就可以了。由于该织物为一纬常织，所以辅助组织表也只用填一纬就可以了。该样卡中没有梭箱针和停撬针，所以在最后的辅助组织表之中只有 10 号色边针以及大小孔针，将边组织平纹填入 10 号色的第 1 纬之中就可以结束辅助组织表了。最后填好的辅助组织表为图 8-21（其中的 2(sa) 表示平纹组织，不再做出）。

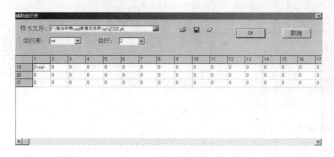

图 8-21　辅助组织表

9. 纹板处理

当做完以上的所有工作之后，就可以进行纹板处理了，纹板处理时根据提花龙头的具体型号来选择所要生成的具体织造文件类型，本例为机械龙头织造，所以纹板处理时选择"纹板 2"，最后可以处理出后缀名为 WB 的织造文件，只需将这个 WB 文件拷入自动纹板冲孔机就可以自动冲出织造该织物所用的纹板了。

10. 纹板检查

在将 WB 文件拿去冲孔之前，同样应该打开该纹板文件进行纹板的检查修正。最后处理好的该织物的 WB 文件的局部如图 8-22。

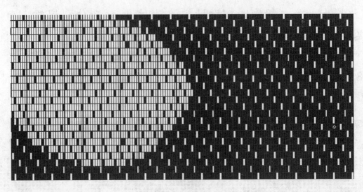

图 8-22　局部纹板图

第三节　重纬提花织物的工艺设计

　　重纬提花织物就是指由一组经线与多组纬线重叠交织而成的提花织物,重纬织物中的纬线组数越多,则织物的组织层次和色彩的变化就越多,织物的厚度也随纬线组数的增加而增加。在提花织物中,重纬织物的品种和花色变化最多,也是在提花织物中使用最广的一种织造种类。

　　重纬织物的地部一般以经面组织和平纹组织为主,而多组纬线可以用来起纬花花组织。因此经线一般选用较细的纱线,这样可以使地部细腻紧密,更加衬托出纬花的效果。纬线由于要用来显示花纹,所以一般选用条干均匀且色泽鲜艳的纱线。当重纬织物的纬重数达到四纬以上时,常另外选用一组接结经来固接在织物背面起背衬的纬线,接结经一般选用坚牢而细的纱线,这样就能够使接结点不会漏色于织物的表面。

　　当重纬提花织物的表组织为某纬的纬面组织时,里组织的选择余地较大,可以选择纬浮长比表组织的纬浮长短的组织,也可以选择平纹组织和经面组织。当表组织为平纹组织时,必须选择经面组织作为里组织。当表组织为经面组织时,必须选择经浮长比表组织的经浮长更长的经面组织作为里组织。在配置表里组织时,一定要注意里组织的纬点一定不能与表组织的经点相重合,否则会漏色(即里纬的颜色在织物的正面显现)。

　　重纬提花织物意匠图中的每一纵格根据织机的装造表示一根或多根经线,每一横格表示与纬重数相当的纬线(如果在 Jcad 中按展开的做法做时,则每一横格只表示一根纬线)。重纬提花织物中的间丝点主要起着压纬浮长的作用(即为经间丝点)。

　　重纬织物按织物地部的经线与各组纬线交织的结构可以分为一梭地上纹重纬提花织物(由一组纬线与经线交织成织物的地部表组织,其余纬线接结于织物的背面);组合地上纹重纬提花织物(由两组纬线与经线交织成地部表组织,其余纬线接结于织物的背面);共口地上纹重纬提花织物(由几组纬线与经线交织成地部表组织)。如果按纬线的组数来分的话,则可以将重纬提花织物分为纬二重提花织物(由两组纬线和经线交织而成的提花织物);纬三重提花织物(由三组纬线和经线交织而成的提花织物);纬多重提花织物(由三组以上的纬线和经线交织而成的提花织物)。以下就以纬重数为区分标准对重纬提花织物举例进行说明。

一、纬二重提花织物

　　例一　某纬二重提花织物,其地部为 1 号纬线与经线交织成 5 枚的经面组织,2 号纬线与经线交织成 10 枚的经面组织。花部有两种花组织,一种花组织是 1 号纬线和经线交织成 8 枚的纬面组织,2 号纬线与经线交织成 8 枚的经面组织;另一种花组织是 2 号纬线与经线交织成 8 枚的纬面组织,1 号纬线与经线交织成 8 枚的经面组织。该提花织物的经密为 74 根/cm,1 号纬线与2 号纬线之比为 1:1,1 号纬线的纬密度为 24 根/cm(由于 2 号纬线与 1 号纬线之比为 1:1,所以2 号纬线纬密度与 1 号纬线纬密度相同)。织物的成品花回宽度为 32.4cm,花回高度为23.7cm。在 2400 针的电子提花龙头、剑杆织机上采用单造单把吊织造。试在 Jcad 中设计该织物的上机织造文件(即纹板文件)。

解 由于此织物为多重纬的提花织物,所以在 Jcad 中进行设计时可以根据具体的织物情况选择是将织物展开来做还是按照不展开做。下面分两种做法分别进行说明。

按不展开的做法来做:

1. 织物小样参数确定

经密=74 根/cm 纬密=24 根/cm

经线数=经密×花回宽度=74×32.4=2398 根

纬线数=纬密×花回高度=24×23.7=569 根

经线数 2398 针与织机规格不相符,将其修正为 2400 针,2400 针正好能被提花龙头的纹针数整除,且能够整除 5、8,所以经线数就取 2400 根。纬线数 569 不能被 5 和 8 整除,将纬线数修正为 560 根。

在重纬织物中经线密度与经线数的确定与单层织物中的确定方法相同。在确定纬线密度与纬线数时要注意,一般的纬线密度是以表纬线的密度来确定的,同样的纬线数也是以表纬线数来确定的。此例中表纬就是 1 号纬线,所以在确定纬密和纬线数时都是以 1 号纬线的纬线密度和纬线数来确定的。

图 8 - 23 纬二重提花织物小样图

2. 绘图

小样参数确定之后,就可以进行绘图了,在绘图时由于纬密和纬线是根据表纬来确定的,所以画图时根据织物的表面性状来画就可以了。最后画好的意匠图中每一横格表示两纬纬纱,每一纵格表示一根经纱。

3. 设色

由于该提花织物有三种组织,所以最后画好的纹样中应该有三种颜色,此处假定 1 号色为地部的组织,2 号色为 1 号纬起纬花的组织,3 号色为2 号纬起纬花的组织。但是该织物的意匠中每一种颜色实际上都代表两种组织,即分别代表了 1 号纬线与经线交织的组织以及 2 号纬线与经线交织的组织。所以该织物的意匠虽然只有三种颜色,但其组织却有 6 种。最后做好的织物意匠图见图 8 - 23。

4. 组织分析

在 Jcad 中做出该织物的 6 种组织,将其分别起名后存入组织库之中(若组织库中已经有要做的组织,此步可以省去不做,直接取出就可以用了)。本例中由于花组织中的四种组织中各有两种是分别重复的,所以最后只需做出 4 种组织就可以了(图 8 - 24),分别将四种组织起名为 1-1-1、1-1-2、1-2-1、1-2-2 之后存入组织库 se 之中。

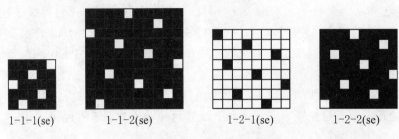

1-1-1(se)　　　1-1-2(se)　　　1-2-1(se)　　　1-2-2(se)

图 8 - 24　织物组织图

5. 生成、保存投梭

生成该织物的投梭文件。由于该织物为两纬常织,所以只需要生成两梭投梭,投梭时先选中 1 号色投第 1 纬从头投至尾,再选择 2 号色投第 2 纬从头投至尾。在两梭都投完之后,保存所投梭位,保存时选择保存两纬。最后投好的梭位如图 8 - 25 所示(图形所示为局部),其中左面的黑色就表示第 1 纬,右面的红色表示第 2 纬。

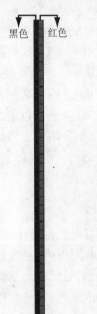

黑色　红色

图 8 - 25　不展开投梭示意图

6. 填组织表

根据织物的组织将前面步骤中所做的每一种组织分别填入组织表之中,该织物有两纬,所以在每种颜色后对应的组织框中,应该分别将每一种颜色所对应的两种组织分别填入第 1 纬和第 2 纬之中,最后填好的组织表如图 8 - 26 所示。在填组织表时一定要注意将织物意匠图中的颜色与其组织正确的对应,不可以将某种组织填入与其不相对应的颜色之中。由组织表可以看出意匠图中的 1 号色中第 1 纬所织组织为组织库 se 中的 1-1-1 号组织,1 号色中第 2 纬所织组织为组织库 se 中的 1-1-2 号组织;2 号色中第 1 纬所织组织为组织库 se 中的 1-2-1 号组织,2 号色中第 2 纬所织组织为组织库 se 中的 1-2-2 号组织;3 号色中第 1 纬所织组织为组织库 se 中的 1-2-2 号组织,3 号色中第 2 纬所织组织为组织库 se 中的 1-2-1 号组织。这与设定是相符的,所以此组织表为一正确的组织表。

7. 建样卡

建立样卡的方法与单层织物中样卡的建立方法是相同的,换言之也就是说样卡的建立与织物的组织是没有必然的联系的,建立样卡应该是以织造织物的龙头为准,以龙头上纹针的吊挂形式及方法来建立样卡。根据龙头的规格以及纹针吊挂形式,可以使用图 8 - 13 所示的样卡。

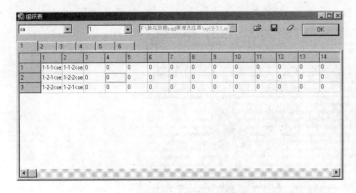

图 8 - 26　织物组织表

8. 填辅助组织表

建立好样卡之后,就可以填辅助组织表了,在辅助组织表中对样卡中的辅助功能针进行必要的设定。打开辅助组织表之后,在"样卡文件"中选择织造该织物所用的样卡,此例中应该选择 2400d. yk。选择好样卡之后,在辅助组织表中便出现了与样卡中辅助针相对应的颜色。只需要根据这些辅助针所需要织造的组织填入相应的组织就可以了。由于该织物为纬二重提花织物,所以辅助组织表中的每一种辅助针也分别要填两纬的辅助针组织。该样卡的梭箱针组织为 8-1-1(sb),应在 9 号梭箱针所对应的辅助组织表中的第 1 纬和第 2 纬分别填入 8-1-1(sb)的梭箱针组织。该织物的两纬都不用停撬,所以停撬针组织在两纬中都填 0。

该织物的边组织可以采用 2 上 2 下的经重平组织,但由于该织物采用的是不展开的组织做法,而且是两纬常织,所以在填辅助组织表中的 10 号边针组织时,只需在每一纬中填入平纹组织,这样在最后的织造文件中,边组织就会成为两纬平纹合成的 2 上 2 下的经重平组织。如果边组织是平纹的话,则辅助组织表中的边针可以用 18 号色来画,这样在最后的织造文件中边组织就不会合成为经重平组织了。图 8 - 27 就是此织物的辅助组织表。

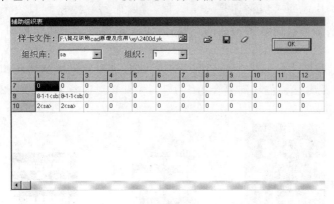

图 8 - 27　辅助组织表

9. 纹板处理

当做完以上的所有工作之后,就可以进行纹板处理了,纹板处理时与单层织物相同,只需要根据织机龙头的型号来选择具体的织造文件格式即可。

10. 纹板检查

对做好的织造文件进行检查,在打开织造文件时需要正确的填写选择色纬类型,这样最后打开的织造文件就会是彩色的,其中的 1 号色所对应的横格就表示第 1 纬,2 号色所对应的横格就表示第 2 纬,以次类推。最后做好的织造文件的局部如图 8 - 28 所示。在最后的织造文件的图示之中,其中的任何彩色都表示经组织点,而 0 号色则表示纬组织点。

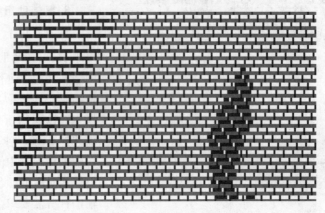

图 8 - 28 局部纹板图

按展开的做法来做:

若按展开的做法来做织物的织造文件时,前面的三步与不展开的做法是相同的,下面从第 3 步开始介绍:

(3) 在织物的意匠图画好之后,先不要做织物的组织,而应该先将织物的小样参数做一些修改,如本例,一开始画图时小样参数中的纬密及纬线数是按织物的表纬密及表纬线数来定的,在此打开小样参数对话框,将其中的纬密和纬线数分别改为该织物的总纬密以及总纬线数,由于本例中的织物为纬二重的织物,且二种纬线为 1:1 的关系,所以纬密和纬线数都应该各增加一倍,也就是说将小样参数中的纬密改为 48,纬线数改为 1120。改好小样参数之后确定"是否将原图缩放"选中,此时织物中的每一纵格还是表示一根经纱,而每一横格则只表示一根纬纱了。这时的意匠图在纬线方向都为 2 或 2 的倍数的过渡,这也与织物为二重纬织物相符,不会在花纹的边缘产生不和谐。

(4) 展开做时意匠图中的每一种颜色都只需要做出一种该色块两纬所构成的复合组织就可以了,在本例中分别做出三种色块的复合组织 1-1、1-2、1-3 对应意匠中的 1、2、3 号色,如图8-29,将这三个组织分别存入组织库 se 中。

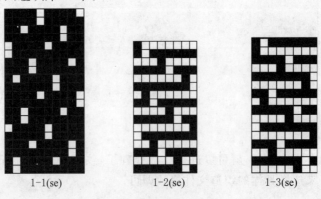

1-1(se)   1-2(se)   1-3(se)

图 8 - 29 展开织物组织图

(5) 生成该织物的投梭文件。由于该织物为两纬常织,所以只需要生成两梭投梭,投梭时先选中 1 号色投第 1 纬从头投至尾,再选择 2 号色投第 2 纬从头投至尾。但是在投完梭之后,必需对投梭进行修改之后再保存投梭,应该将投梭的第 1 横格中的第 2 纬去除,第 2 横格中的第 1 纬去除,后面依次循环,最后投好的梭位如图 8 - 30 所示(图形所示为局部),其中左面的黑色就表示第 1 纬,右面的红色表

黑色　红色

图 8 - 30　展开投梭示意图

示第 2 纬。保存投梭时还是要选择保存两梭。

（6）填组织表

根据织物的组织将前面步骤中所做的每一种组织分别填入组织表之中，该织物有两纬，且是按展开的做法来做的组织，所以最后的组织表中每一种颜色对应的组织都只有一个，就是做出的展开的组织，每种颜色的第 1 纬组织和第 2 纬组织都是相同的。最后做出的组织表如图 8 - 31。

（7）样卡与不展开的样卡相同。

（8）填辅助组织表

辅助组织表中梭箱针和停撬针的填法与不展开的做法相同，但是边针要稍做改动，由于已经将织物展开来做了，所以边针组织也需要做一个展开的经重平组织，最后的辅助组织表如图 8 - 32，其中的 4-2(sa) 表示的是经重平组织。

（9）纹板检查

最后处理好的织造文件都是相同的，检查方法也相同。

对于不同织物应该视具体的情况来决定是按展开来做还是按不展开来做，这两种做法各有自己的优点。其中不展开的做法相对来说可以适当的减少工作量。因为用不展开的做法可以省去做复合组织的工作，且投梭也不用做修改。缺点是如果对组织之间的组合关系不是很熟悉的话，由于对同一色块中不同纬纱的组织是分开来做的，所以当组织点有冲突时也不能很快的发现，可能要等处理出织造文件后检查才能发现，但如果用展开的做法来做的话，在做复合组织时就能够很轻易的发现组织之间的冲突点，方便对组织进行修改。还有就是不展开的做法必需对每一色块中的每一纬的组织区分清楚，在填组织表时必需将每一纬的组织与梭位正确的对应，而如果采用了展开的做法的话，则不管织物有多少纬，这些纬线的组织如何，只需将最后做好的复合组织填入对应的色块就可以了，该色块有多少种纬纱就填多少梭，可以减少出错的概率。所以一般来说初学者或对组织不是很熟悉的设计者最好用展开的做法来做。但是对于某些重纬提花织物来说，不展开的做法要比展开的做法方便很多，对于这类织物一般都应该采用不展开的做法，如某纬或某些纬在某些地方有不规则的间丝的织物（如织锦缎

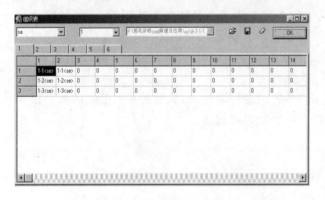

图 8 - 31　展开织物组织表

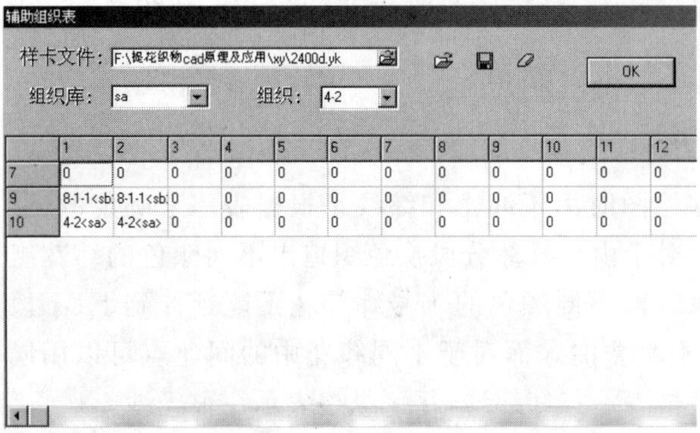

图 8 - 32　展开辅助组织表

等),还有一些具有抛梭,且需要停撬的织物(如大部分的领带布)。从理论上来说,不论任何重纬提花织物都既可以用不展开的做法来做,也可以按照展开的做法来做,具体的做法由设计者根据具体的织物以及自己的习惯来决定。

对于重纬提花织物而言,同样可以采用将组织铺入的做法来做,对于展开的意匠图而言,只需将展开的组织铺入织物的意匠之中,然后根据经点、纬点的规律在组织表中填入 1 或 0 就可以了。对于不展开的意匠而言,只能铺入某一纬的组织,而其它纬线的组织还是需要在组织表中填出,此处就不再说明了,读者可以自己根据单层提花织物组织铺入的做法来做。

二、纬三重提花织物

纬三重提花织物的做法与纬二重提花织物基本相同,只是多了一组纬线而已,日常设计中常见的织锦缎就是纬三重提花织物,现就以它举例说明纬三重提花织物的做法。

例二 某纬三重织锦缎提花织物,总用经数为 10800 根,纹样总幅宽为 75cm,全幅一共有 5 花,纹样一个花回的高度为 21cm,纬纱之间的比例为 1:1:1,单纬密度为 22 根/cm。采用单造双把吊的装造进行织造。采用 16×98 样卡的机械龙头进行织造,织造时采用棒刀针与主纹针相结合的做法来做,共使用棒刀针 48 针。其中的地部为 2 号纬线和经线织造成 8 枚的经面组织,1 号纬线和经线织造成 16 枚的经面组织,3 号纬线和经线也织造成 16 枚的经面组织;其中的起花部分有 1 号纬线起纬花、2 号纬线起纬花和 3 号纬线起纬花,当某纬起花时,另外两纬仍然在纬花的部分由棒刀针织造与地部相同的组织。其中的 2 号纬线和 3 号纬线为常纬,而 1 号纬线要按不同的位置分段换色,1 号纬线不同色块的部分在经线方向是相互衔接而不重叠的。地部组织以及花部的地组织都是由棒刀针提升经纱完成的。试在 Jcad 中设计该织物的上机织造文件(即纹板文件)。

解 此织物为织锦缎织物,所以一般是用不展开的做法来做的,如果展开来做的话就会很麻烦,在此也只是按不展开的做法分析该三重纬织锦缎的具体做法。

1. 织物小样参数确定

经密=10800/75×2=72 根/cm   表纬密=22 根/cm

经线数=经密×花回宽度=72×75/5=1080 根

表纬线数=表纬密×花回高度=22×21=462 根

经线数 1080 针与织机规格相符,且能够整除 8、16,所以经线数就取 1080 根。纬线数 462 不能被 8 和 16 整除,所以将纬线数修正为 464 根。

2. 绘图

小样参数确定之后,就可以进行绘图了,在绘图时由于纬密和纬线是根据表纬来确定的,所以画图时根据织物的表面性状来画就可以了。对于由 1 号纬分段换色织造出不同颜色的纬花组织,应该用不同的颜色来表示,在绘画时要注意各段不同颜色的 1 号纬纬花不能延伸到上、下段去,不同颜色的 1 号纬纬花必需是相互衔接而不重叠的。而对于不同纬花中的间丝点可以用同一种颜色来表示。最后画好的意匠图中每一横格表示三纬纬纱,每一纵格表示一根经纱。

3. 设色

由于该织物的 1 号纬纱在经线方向一共换了 5 色纬纱,所以最后做出的意匠图中一共应该有 9 种颜色,其中的 1 号色表示地组织,2 号色表示 2 号纬纱起纬花的组织,3 号色表示 3 号纬纱起纬花的组织,4～8 号色都表示 1 号纬纱起纬花的组织,9 号色表示间丝点的颜色。最后的意匠图如图 8 - 33 所示。

图 8 - 33　三重纬提花织物意匠图

4. 组织分析

织锦缎的地部都是经面组织,所以如果在机械龙头上织造的话,应该选择将织物反织,这样最后做出的组织也都是反面组织。由于织锦缎的花部基本上都是起纬花,纬花中有不规则的间丝点,没有什么具体的组织,只是地部需要由棒刀针来提升棒刀组织,所以只需要将织物的棒刀针组织做出就可以了。将三梭的棒刀针组织 2-1、2-2、2-3 分别做出后存入组织库 se 之中就可以了。其中的 2-1(se)为 2 号纬纱的棒刀针组织,2-2(se)为 1 号纬纱的棒刀针组织,2-3(se)为 3 号纬纱的棒刀针组织(图 8 - 34)。

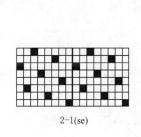
2-1(se)

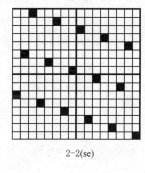
2-2(se)

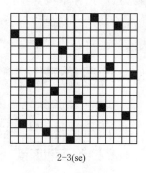
2-3(se)

图 8 - 34　棒刀针组织图

5. 生成、保存投梭

生成该织物的投梭文件。由于该织物为纬三重织物,所以需要生成三梭投梭,投梭时先选中 1 号色投第 1 纬从头投至尾,再选择 2 号色投第 2 纬从头投至尾,再选择 3 号色投第 3 纬从头投至尾。在三梭都投完之后,保存所投梭位,保存时选择保存三纬。1 号色纬虽然在中间有换纱的情况,但 1 号纬换色之前只需要提前一纬轧换道针,换道针会令织机停止,等候人工换梭,所以可以将多种颜色的 1 号纬纱看作一把梭。

6. 填组织表

由于该织物的地部以及纬花部分的底组织都是由棒刀来提升的,所以在组织表中只需要根据纬线起花的规律将花组织填出就可以了,该织物是反织的,所以在组织表中地组织的颜色和花纬的颜色中织底组织的纬纱都是填 0 的,而哪种颜色是由哪一纬起纬花的,就在组织表中该种颜色对应起纬花的那一纬填 1 就可以了。该织锦缎织物组织表为图 8 - 35。

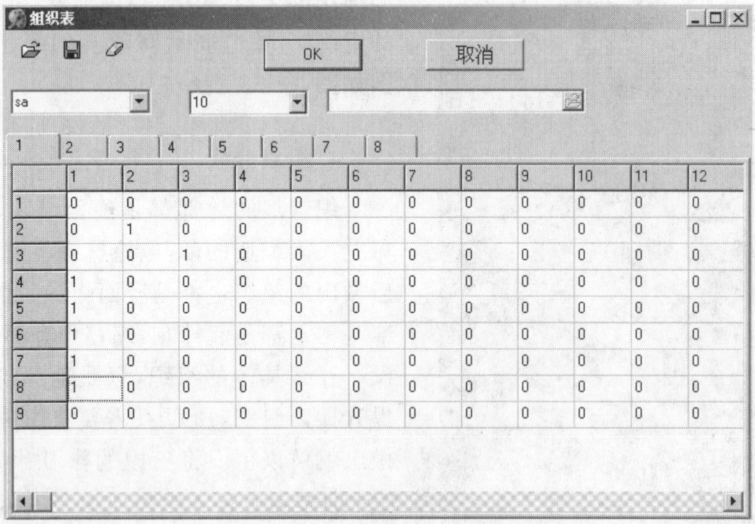

图 8 - 35 织锦缎织物组织表

7. 建样卡

确定样卡的规格为 16×98 之后,就可以根据龙头中纹针的具体吊挂规律建立样卡了,样卡中的 48 针棒刀针(用样卡设计中的 12 号色表示)分别在样卡的左右两段各有 24 针,边针位于样卡的左段。没有梭箱针和停撬针,在织造时 1、2、3 号纬线是由提前设定好的投纬顺序按 1:1:1 有规律的投入的。建好的样卡如图 8 - 36 所示,将其起名为 z1080.yk 后存入电脑之中。

图 8 - 36 织物样卡图

8. 填辅助组织表

先在样卡文件中选择 z1080.yk,该织物的辅助组织表中共有 4 种辅助针,其中的大小孔针是不需要填的。该织物边组织可以设计为 3 上 3 下的经重平组织,所以在辅助组织表中的 10 号色边针对应的 3 纬都填平纹组织就可以了,还有一种辅助针就是 12 号色棒刀针,只需要在辅助组织表中棒刀针对应的纬线中分别填入它们的棒刀针组织就可以了,所以最后填好的辅助组织表为图 8 - 37。

9. 纹板处理

当做完以上的所有工作之后,就可以进行纹板处理了,纹板处理时与单层织物相同,只需要根据织机龙头的型号来选择具体的织造文件的格式就可以了。此例应该选择后缀名为 WB 的文件类型来处理。

图 8 - 37 织锦缎织物辅助组织表

图 8 - 38 织锦缎织物纹板图

图 8 - 39 织锦缎棒刀针组织纹板图

10. 纹板检查

由于该织物的地组织以及花部的底□时，在织物的正身部分是看不出织物□的组织的，只能看到起纬的纬纱，但是可以在棒刀针对应的纹板部分来检查棒刀针组织是否正确。图 8 - 38 就是织锦缎的纹板图，8 - 39 为织锦缎的棒刀针组织展开图。

三、纬多重提花织物

纬多重的提花织物中有很多是采用抛梭的处理方法来做的，抛梭就是指某些色纬只在提花织物的某一段或某几段出现，并且只在其需要起花的部分在正面显现，其余部分则隐藏在织物的背面与经纱通过结节点结节在一起。这些结节点一般隐藏于纬浮长的下面，这样可以避免漏色，结节点一般都很稀疏，有使用规则的长浮长的缎纹组织作为结节点的，也有在意匠图中直接用特定的颜色画出结节点的做法。很多抛梭的纬纱是需要停撬的，这样才能在抛梭处增大织物的密度，并且可以更好的避免抛梭纬纱漏色。下面就以一个 4 纬的抛梭织物来说明多重纬织物的做法。

例三 某四重纬的提花织物，其第 1 纬为常织，而第 2、3、4 纬都是抛道织造。在有花纬的地方花纬与底纬的比例为 1∶1。织物的经线密度为 114 根/cm，一个花回的宽度是 3.8cm，织物的纬线密度（此处指的是常织 1 纬的纬线密度）是 57 根/cm，一个花回的高度也是 3.8cm。地部是由 1 号纬线织造的由左斜斜纹和右斜斜纹交织而构成的小菱形,其花部分别由 4 种纬线分别在不同的地方起花构成(1 号纬线为在地部起花),当某种纬线起花时,其它的纬线就在背面起背衬,该织物在总的主纹针为 2592 的电子提花龙头,剑杆织机上织造,试在 Jcad 中设计该织物的上机织造文件。

解 由于该织物为 4 色纬纱的抛道织物,所以在选择具体的做法时应该选择按不展开的做法来做,同时考虑到为了避免在织物织造时织物的正面被沾上污点,在此采用反面上机的方法对该织物进行织造。

1. 织物小样参数的确定

经密＝114 根/cm   纬密＝57 根/cm(表纬密)
经线数＝经密×花回宽度＝114×3.8＝433 根
纬线数＝纬密×花回高度＝57×3.8＝217 根

对于经线数应该遵循两个原则来确定,首先是经线数必需能够被总的主纹针数整除,其次经线数又要能够整除织物的地组织的经线循环数,而本例中织机龙头的总主纹针数为 2592 针,地部组织为 12 枚的斜纹所构成的菱形,所以根据以上两个原则,此例中的经线数应该修正为 432 根。这样 432 不仅能被 2592 整除,还能够整除 12。纬线数 217 不能整除 12,所以将纬线数修正为 216 根。

由本例可以看出织物经线数的确定和织机龙头的规格以及织物地组织的经向循环数都有关,而纬线数的确定只和织物地组织的纬向循环数有关。

2. 绘图

小样参数确定之后,就可以进行绘图了,绘图时先将织物根据不同的纬线起花分为 4 种颜色,其中的每一种颜色就表示一纬纬花(其中 1 号纬的纬花就是地部),然后还应该再有一种颜色表示正面起经花的组织。

图 8-40 纬多重提花织物意匠图

3. 设色

在画好的意匠图之上,还应该将织物不同纬花中的经压点用一种颜色表示出来,如果这些经压点是规则组织的话,可以将这些组织直接铺入相应的色彩之中,如果是不规则的压点的话,就应该在意匠中直接画出。还有当织物中的某一纬在正面起纬花时,剩余的其它纬线在该纬花的部分是起背衬组织的,还应该将这些背衬点用一种颜色来铺出或画出。所以在最后画好的意匠图中,一共应该有 7 种颜色,其中的 1 号色表示 1 号纬在正面起纬花,其它纬线在织物的反面;2 号色表示 2 号纬在正面起纬花,其它纬线在织物的反面;3 号色表示 3 号纬在正面起纬花,其它纬线在织物的反面;4 号色表示 4 号纬在正面起纬花,其它纬线在织物的反面;5 号色表示经线全部在正面的经花组织;6 号色表示织物正面纬花中的经压点;7 号色表示织物反面背衬的纬压点(若从反面看的话,就是反面的经压点)。图 8－40 就是最后的意匠图。

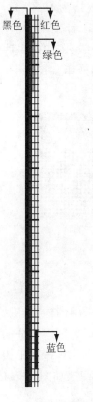

图 8－41　抛梭织物投梭示意图

4. 组织分析

由于在织物的意匠图中已经将织物的各组纬纱与经纱的交织规律都表示了出来,所以做组织这一步就不用做了,只需要在组织表中根据经纬纱之间的浮沉填 1 或 0 就可以了。

5. 生成、保存投梭

生成该织物的投梭文件,由于该织物有一纬常织,所以将 1 号纬线从头投至尾,对于另外抛道的三纬,只需要在织造这三纬的地方将其投纬就可以了,具体到本例就是 2 号纬线只需要在小马对应的部位投纬就可以了;3 号纬线只需要在小马眼睛对应的部位投纬就可以了;4 号纬线只需要在小马马蹄对应的部位投纬就可以了。最后投好的纬线信息如图 8－41(为局部的)。其中最左方的黑色纬线表示 1 号纬线,红色纬线表示 2 号纬线,绿色表示 3 号纬线,最右方的蓝色表示 4 号纬线。

6. 填组织表

根据织物意匠图中每种颜色所表示的具体含义来填写织物的组织表。由于织物采用反织上机,所以填组织表时应该以反面效应来确定织物组织表的具体填法。织物意匠中的 1 号色表示织物 1 号纬起纬花,而其它纬线在织物的反面,所以组织表中的 1 号色的 1 号纬纱填 1,而其它纬纱填 0。意匠中其它颜色组织表的填法与上面的分析方法相同,所以最后填出的织物组织表如图 8－42 所示。

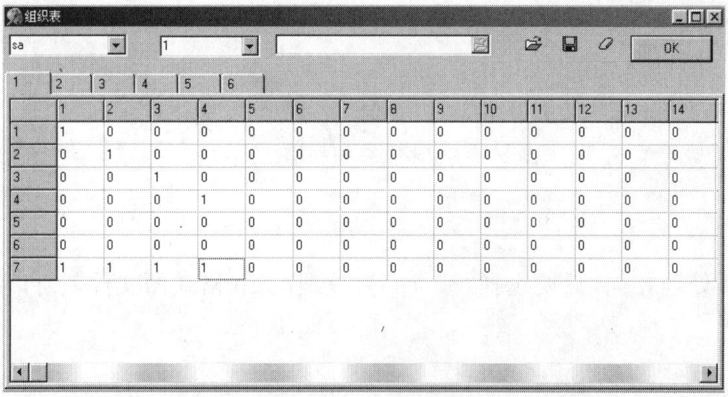

	1	2	3	4	5	6	7	8	9	10	11	12	13	14
1	1	0	0	0	0	0	0	0	0	0	0	0	0	0
2	0	1	0	0	0	0	0	0	0	0	0	0	0	0
3	0	0	1	0	0	0	0	0	0	0	0	0	0	0
4	0	0	0	1	0	0	0	0	0	0	0	0	0	0
5	0	0	0	0	0	0	0	0	0	0	0	0	0	0
6	0	0	0	0	0	0	0	0	0	0	0	0	0	0
7	1	1	1	1	0	0	0	0	0	0	0	0	0	0

图 8－42　多重纬织物组织表

由该组织图可以看出织物正面的经压点在组织表中都填 0(反织);织物反面的经压点在组织表中都填 1(反织)。此例中虽然意匠中的 5、6 号色在组织表中的填法是一样的,可以用同一种颜色来表示,但是为了使织物意匠看起来更富立体感,还是用两种颜色在意匠中表示(前面织锦缎的做法中也有类似的情况)。

7. 建样卡

此织物在 2688（总纹针为 2688）的电子龙头上织造，所以样卡的规格为 16×168，其中的梭箱针有 8 针，分别位于样卡的 1～8 针，梭箱针组织为 8-1-1(sb)；停撬针 1 针位于样卡中的第 9 针；边针在样卡的左右两边各有 16 针，左边的 16 针位于样卡的 17～32 针，右边的 16 针位于样卡的 2625～2640 针；第33～2624针为主纹针，一共有 2592 针，最后做好的样卡如图 8 - 43（图中为样卡的局部），将其存为 2688d. yk。

图 8 - 43　样卡图

8. 填辅助组织表

先在样卡文件中选择 2688d. yk，该织物的辅助组织表中根据该样卡中的辅助针共有 3 种辅助针，对于边针而言，在其中的每一纬填入平纹组织就可以了；而由于该织物抛道部分的 2、3、4 号纬线都是需要停撬的，所以辅助组织表中的 7 号色停撬针的 2、3、4 纬都需要填 1；对于梭箱针组织四纬都填 8-1-1(sb) 的 8 枚左斜斜纹组织就可以了。该织物最后的辅助组织表如图 8 - 44 所示。

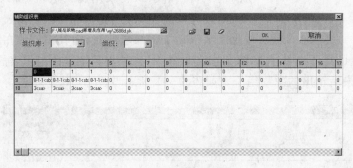

图 8 - 44　多重纬织物辅助组织表

9. 纹板处理

与前面的纹板处理相同，只要选择"bonas"后处理出 ep 格式的文件就可以了。

10. 纹板检查

对于该织物同样应该打开最后处理好的 ep 文件进行检查，在检查时可以注意到在 2、3、4 号纬纱织造的梭道停撬针是全部提升的，这也与设定相符。最后 ep 文件的局部如图 8 - 45 所示。

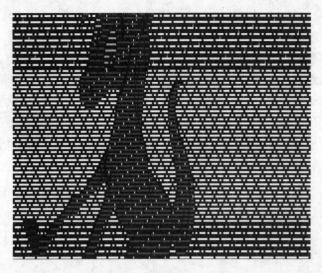

图 8 - 45　多重纬织物纹板图

第四节　重经提花织物的工艺设计

由二组或二组以上的经纱与一组纬纱交织而成的提花织物就是多重经的提花织物。重经提花织物以二重经提花织物为主，多重经的提花织物比较少见，以下就以二重经的提花织物为例进行讲解。

重经提花织物常常以一组经线作为地经与纬纱交织构成地组织，而其它经线作为纹经与纬纱交织成花组织，一般以起经花为主，有时地经也可以用来起经花。重经织物的地组织可以是平纹、斜纹或缎纹，但一般以缎纹地组织为主。

重经提花织物中地经的排列是在整幅中都均匀的排列的，而纹经有可能是在整幅中均匀的排列，也有可能是只在起花的部分间断的排列的，还可以使用不同颜色的经线按照彩条的效果来排列经纱，这样最后织出的提花织物颜色层次就更加丰富多彩了。地经与纹经在排列时一般都具有一定的比例，其中以地经∶纹经＝1∶1 和地经∶纹经＝1∶2 最常见。

重经提花织物在具体的设计时，纹经在不起花的部分一般是沉在背面与纬线结节，在一些轻薄透明的织物中一般在纹经不起花时，让纹经浮在织物的背面，不与纬线结节，在织物下机之后再将纹经沿花纹的四周割除，为了使割除后的纹经能够固接在织物上，应该在花纹的四周使用平纹组织包边。

在重经织物中如果地经选用强捻或具有高收缩性能的纱线（锦纶、弹力丝等），纹经采用粘胶丝，最后织造出的提花织物就会由于地经、纹经原料的差异而形成高花效应。此外还可以利用线密度相差悬殊的两组经线分别作为地经与纹经来形成经高花织物。

对于重经织物一般采用分造的装造方法来进行织造，这样的装造方法对后面的工作很有好处。在画意匠时，只需要按经线多的一造的纹针数来确定意匠的经线就可以了，如果需要轧纹板的话，这样的分造方法也会方便轧纹板的工作。另外对于一些地经组织比较简单，且地经不需要起花纹的重经提花织物来说，地经可以用综框来控制，这样不仅能够节省纹针，还能减轻工艺设计人员的工作量。

　　重经织物中地经∶纹经＝1∶1 时，前后造的纹针数相等，地经∶纹经＝1∶2 时，采用大小造来织造，其它比例的地纹经前后造纹针数的排列规律以此类推。

　　重经织物一般需要使用两个或两个以上的经轴，不同经轴的送经张力一般也不相同。对于张力要求不严的一组经线可以采用消极式送经装置（一般为上轴），而对于张力要求严格的一组经线可以采用积极式送经装置（一般为下轴）。为了织造的工艺需要，一般将强度小的经线穿入后造，强度大的经线穿入前造，提升次数多的经线穿入前造，提升次数少的经线穿入后造。

　　重经织物的意匠中每一纵格根据织物地经与纹经之比不同，表示的经线数也不同，如果织物的地经∶纹经＝1∶1，则意匠图中一纵格表示 2 根经纱（1 根地经、1 根纹经），如果织物的地经∶纹经＝1∶2，则意匠图中二纵格表示 3 根经纱（1 根地经、2 根纹经），其它的情况可以以次类推。

　　下面以地经和纹经的不同比例分类来对重经提花织物的具体做法进行举例说明。

一、地经∶纹经＝1∶1 重经提花织物

　　例一　某经二重提花织物，其地经与纹经之比为 1∶1，地经的密度为 56 根/cm，纹样一个花回的宽度为 21.4cm。纬线密度为 50 根/cm，纹样的高度为 21cm。其中地组织为地经与纬纱交织成 12×40 的一个组织，纹经与纬纱交织成 12×40 循环的结节组织；花部 1 的组织为纹经起 12 枚的经面花纹，地经在背面织造平纹组织；花部 2 的组织为地经起 12 枚的经面花纹，纹经在背面织造 4 枚的纬面斜纹组织。该织物在 2400 针主纹针的 stobi 电子龙头、剑杆织机上织造。试在 Jcad 中设计该织物的上机织造文件。

　　解　对于重经织物而言，与重纬织物相同，在 Jcad 中也有将经线展开的做法以及不展开经线的做法，本例分别用两种方法来做，读者可以比较两种做法的异同之处。

　　经线不展开的做法：

1. 织物小样参数确定

　　表经密＝56 根/cm　　纬密＝50 根/cm

　　经线数＝表经密×花回宽度＝56×21.4＝1198 根

　　纬线数＝纬密×花回高度＝50×21＝1050 根

　　经线数 1198 针与织机规格不相符，所以可以将其修正为 1200 针，1200 针正好能被提花龙头的纹针数整除，且能够整除 12，所以经线数就取 1200 根。纬线数 1050 不能被 12 和 40 整除，将纬线数修正为 1080 根。

　　在重经织物中纬线密度与纬线数的确定与单层织物中的确定方法相同。在确定经线密度与经线数时要注意，一般的经线密度是以表层主导纱线的密度来确定的，同样的经线数也是以表经线数来确定的。此例中表经就是地经，所以在确定经密和经线数时都是以地经的经线密度和经线数来确定。

2. 绘图

　　小样参数确定之后，就可以进行绘图了，在绘图时由于经密和经线数是根据表经来确定的，所以画图时根据织物的表面性状来画就可以了。最后画好的意匠图中每一横格表示一根纬纱，每一纵格表示二根经纱。

图 8－46 经二重提花织物意匠图

3. 设色

由于该提花织物有三种组织,所以最后画好的纹样中应该有三种颜色,此处假定 1 号色为地部的组织,2 号色为纹经起经花的组织,3 号色为地经起经花的组织。但是该织物的意匠中每一种颜色实际上都代表两种组织,即分别代表了地经与纬纱交织的组织以及纹经与纬线交织的组织。所以该织物的意匠虽然只有三种颜色,但其组织却有 6 种。最后做好的织物意匠图如图 8－46。

4. 组织分析

在 Jcad 中做出该织物的 6 种组织,将其分别起名后存入组织库中(若组织库中已经有要做的组织,此步可以省去不做,直接取出就可以用了)。现分别将 6 种组织起名为 1-1-1、1-1-2、1-2-1、1-2-2、1-3-1、1-3-2 之后存入组织库 sf 中(图 8－47)。

5. 生成、保存投梭

生成该织物的投梭文件。该织物为一纬常织,所以只需要投一纬从头至底就可以了,保存一纬。

6. 填组织表

根据织物的组织将前面步骤中所做的每一种组织分别填入组织表中,该织物有两组经线,所以填组织表时也要填两造的组织表,其中的第 1 造的组织表就表示地经与纬纱交织的规律,在填第 1 造的组织表时,可以不考虑第 2 造的经线与纬线之间的关系,换言之也就是说当填第 1 造(即地经)的组织表时,可以认为第 2 造(即纹经)的经线是不存在的。同样在填第 2 造的组织表时也不要考虑第 1 造的经线。所以最后填好的组织表如图 8－48,其中图(1)表示第 1 造(即地经)的组织表,图(2)表示第 2 造(即纹经)的组织表。

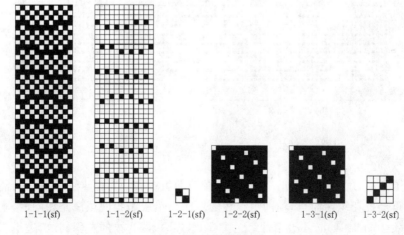

1-1-1(sf)　　1-1-2(sf)　　1-2-1(sf)　　1-2-2(sf)　　1-3-1(sf)　　1-3-2(sf)

图 8－47 织物组织图

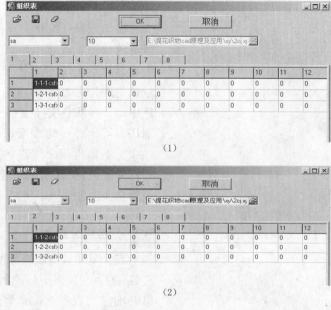

（1）

（2）

图 8 - 48　织物组织表

7. 建样卡

对于重经织物不展开做的样卡的建立方法与前面的样卡有所区别。此织物在 stobi2688（总纹针为 2688）的电子龙头上织造，所以样卡的规格为 16×168，其中的梭箱针有 8 针，分别位于样卡的 1～8 针，梭箱针组织为 8-1-1(sb)；停撬针 1 针位于样卡中的第 9 针；边针在样卡的左右两边各有 16 针，左边的 16 针位于样卡的 17～32 针，右边的 16 针位于样卡的 2433～2448 针；第 33～2432 针为主纹针，一共有 2400 针，对于主纹针还要加以修改，将总共 2400 针主纹针中的奇数纹针（既 1、3、5…）用 1 号色来画，这样它就表示这些纹针是第 1 造的纹针，2400 针主纹针中的偶数纹针（即 2、4、6…）用 2 号色来画，这样它就表示这些纹针是第 2 造的纹针，所以最后做好的样卡如图 8 - 49（图中为样卡的局部），将其存为 2688s.yk。

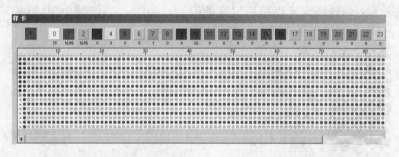

图 8 - 49　样卡图

8. 填辅助组织表

建立好样卡之后，就可以填辅助组织表了，在辅助组织表中对样卡中的辅助功能针进行必要的设定。对于重经提花织物而言，辅助组织表的填法与单层织物的填法是相同的，本例中最后填好的辅助组织表为图 8 - 50。其梭箱针组织为 8-1-1(sb)，即 8 枚的左斜斜纹，边组织为 2(sa)，就是平纹。在辅助组表中都只需要填一纬就可以了。

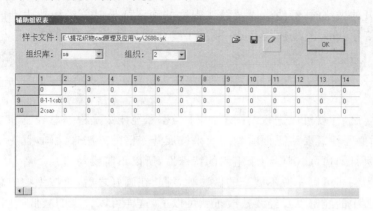

图 8 - 50　辅助组织表

9. 纹板处理

纹板处理的方法也和单层提花织物相同,只要选择好正确的织造文件格式就可以了,在本例中应该选择 JC5 的织造文件格式。

10. 纹板检查

在最后的织造文件中,主纹针中的单数纹针就表示地经纱纹针,双数纹针就表示纹经纱纹针。最后的 JC5 文件图就是图 8 - 51 所示。

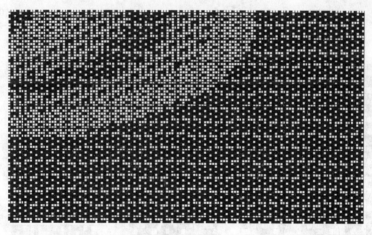

图 8 - 51　局部 JC5 图

经线展开的做法:

1. 织物小样参数确定

总经密=56×2=112 根/cm　　纬密=50 根/cm

总经线数=总经密×花回宽度=112×21.4=2397 根

纬线数=纬密×花回高度=50×21=1050 根

经线数 2397 针与织机规格不相符,可以将其修正为 2400 针,这样 2400 针正好与提花龙头的规格相符,且能够整除 12,所以经线数就取 2400 根。纬线数 1050 不能被 12 和 40 整除,所以将纬线数修正为 1080 根。

当用经线展开的做法时,经线数以及经线密度的确定都是以总经线数为准的。所以此例中的经线密度为 112 根/cm,经线数为 2400 根。纬线数和纬线密度的确定还是与不展开的做法相同。

2. 绘图

小样参数确定之后,就可以进行绘图了,由于经密和经线数是根据总经密和总经线数来确定的,所以在绘图时必需注意要将正面看到的效果按展开一倍的方法来绘画,且花纹的边要用纬向双起的勾边方法进行勾边(此例中由于组织的特殊性,所以不需要勾边)。

对于展开的做法还可以先按不展开的做法画意匠,在画好之后,再按织物的总经密及总经线数将织物小样参数中的经密以及经线数改正就可以了,这样可以大大的减低画图的工作量,所以最后不论是按展开的做法来做还是按不展开的做法来做,在画织物的小样时一般都按表经密以及表经线数来画。在画好之后再根据织物是否要展开来做决定是否要修改小样参数。

3. 设色及组织分析

由于该提花织物有三种组织,所以最后画好的纹样中应该有三种颜色,此处假定 1 号色为地部的组织,2 号色为纹经起经花的组织,3 号色为地经起经花的组织。在此处已经将织物经线展开了,所以只需要做出 3 个展开的组合组织就可以了,最后做好的组织即为图 8 - 52 中的 3 个组织,其中的 1-1(sf)表示地部组织;1-2(sf)表示纹经起花,地组织底的花组织;1-3(sf)表示地经起花,纹经织底的花组织。实际上 1-1(sf)组织就是 1-1-1、1-1-2 两个组织组合而成的组织;1-2(sf)组织就是 1-2-1、1-2-2 两个组织组合而成的组织;1-3(sf) 组织就是 1-3-1、1-3-2 两个组织组合而成的组织。

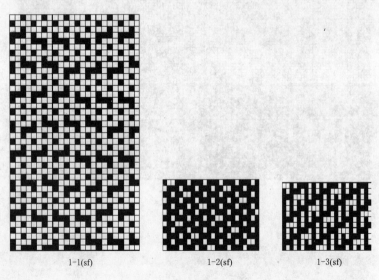

1-1(sf)   1-2(sf)   1-3(sf)

图 8 - 52 展开织物组织图

4. 生成、保存投梭

投梭的生成以及保存与不展开做相同。

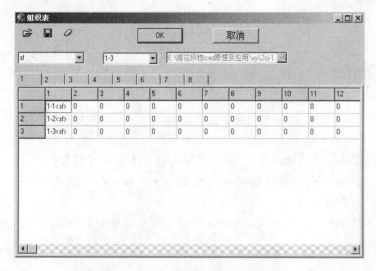

图 8 - 53　织物组织表、纹板处理与纹板检查

5. 填组织表

根据织物的组织将前面步骤中所做的每一种组织分别填入组织表之中,该织物虽然是两造的,但是由于已经将它展开来做了,所以在此可以将两组经线看作一组,填组织表时也只需要填 1 造的组织表就可以了。只需要将每一种颜色对应的展开的组织填入该颜色的 1 号梭位就可以了。最后填好的组织表见图 8 - 53。

6. 建样卡

展开做时样卡的建立方法与不展开做基本相同,只是最后主纹针不再需要用两种颜色来画,只需要用 1 号色来画所有的主纹针就可以了。最后做好的样卡如图 8 - 54(图中为样卡的局部),将其存为 2688s-1. yk。

图 8 - 54　样卡图

7. 填辅助组织表、纹板处理与纹板检查

填辅助组织表、纹板处理以及纹板检查与不展开的做法都是相同的,当然最后处理出来的织造文件也是相同的。

（二）地经:纹经＝1:2 重经提花织物

例二　某经二重提花织物,其地经与纹经之比为 1:2,纹经(即表经)的密度为 72 根/cm,纹样一个花回的宽度为 13.3cm。纬线密度为 20 根/cm,纹样的高度为 22cm。其中地组织为地经与纬纱交织成平纹,纹经与纬纱交织成 12 枚的纬面结节组织;花部的组织为纹经起 10 枚的经面花纹,地经在背面织造平纹组织。该织物在总的主纹针共有 1440 针的机械龙头、剑杆织机上织造。试在 Jcad 中设计该织物的上机织造文件。

解　此例采用不展开的做法来做。

1. 织物小样参数确定

表经密＝72 根/cm   纬密＝20 根/cm

经线数＝经密×花回宽度＝72×13.3＝958 根

纬线数＝纬密×花回高度＝20×22＝440 根

由于该织物的地经与纹经比例为 1:2,所以应该采用大小造织造该织物,采用大小造时:

大造经线数(也就是表经线数)＝1440×2/3＝960 针

经线数 958 针与此值不相符,所以可以将其修正为 960 针,这样 960 针不但正好与大造的纹针数相符,且能够整除 10、12,所以小样参数中的经线数就取 960 根。纬线数 440 不能被 12 整除,所以将纬线数修正为 480 根,480 就能够整除 10、12 了。

做大小造的织物时,除了要画出大造的意匠图之外,还应该再画一个小造的意匠图,小造意匠图的意匠规格:

经密＝36 根/cm   纬密＝20 根/cm

经线数＝480 根   纬线数＝480 根

2. 绘图

小样参数确定之后,就可以进行绘图了。在绘图时,大造经密和经线数是根据表经来确定的,画图时根据织物的表面性状来画就可以了。小造的意匠图要将经线减少一倍的规格来画,将最后做好的 2 个意匠图分别起名保存即可。

3. 设色

该提花织物有两种组织,所以最后画好的纹样中应该有两种颜色,此处假定 1 号色为地部的组织,2 号色为纹经起经花的组织。

4. 组织分析

在 Jcad 中做出该织物的 4 种组织,将其分别起名后存入组织库中(若组织库中已经有要做的组织,此步可以省去不做,直接取出就可以用了)。由于地经在地部及起花部分所织为同一种组织,所以只需要做出 3 种组织,分别将 3 种组织起名为 2-1、2-2、2-3 之后存入组织库 sf 之中。

5. 生成、保存投梭

生成该织物的投梭文件。该织物同样为一纬常织。

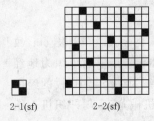

2-1(sf)   2-2(sf)

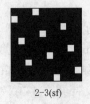

2-3(sf)

图 8-55 织物组织图

6. 填组织表

该织物的组织表同样需要填两造,其中的第 1 造仍然表示地经与纬纱交织的组织,第 2 造表示纹经纱与纬纱交织的组织。最后填好的组织表如图 8-56,其中图(1)表示第 1 造(即地经)的组织表,图(2)表示第 2 造(即纹经)的组织表。在填第 2 造的组织表时,需要特别注意的是要在文件中选定第 2 造意匠文件。

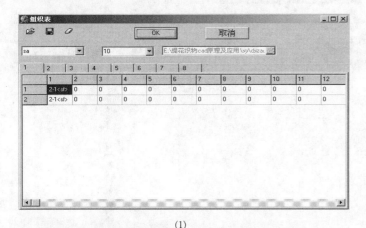

(1)

(2)

图 8-56　织物组织表

7. 建样卡

此样卡的规格为 16×98，样卡一共分为 3 段，穿绳孔分别位于 1、33、66、98 列上。边针共 6 针在样卡的最右段，主纹针一共有 1440 针，对于主纹针还要加以修改，将总共 1440 针主纹针中的左面一段的主纹针用 1 号色来画，表示第 1 造的经线（即地经），一共有 480 针；中间一段和右面一段中的主纹针用 2 号色来画，表示第 2 造的经线（即纹经），一共有 960 针。该样卡中没有梭箱针和停撬针。所以最后做好的样卡如图 8-57，将其保存为 1440.yk。

8. 填辅助组织表

在辅助组织表中首先要调入样卡文件。辅助针只有大小孔针和边针，大小孔针不用填，只需要在边针中填入平纹组织就可以了，辅助组织表如图 8-58。

图 8-57　样卡图

9. 纹板处理

选择纹板文件（即 WB）格式就可以了，电脑会自动处理出后缀名为 WB 的纹板文件供冲纸板用。

10. 纹板检查

因为在该织物的样卡中地经和纹经是分为两段的，所以检查起来很明了，在地经部分的纹板中可以看到都是平纹（因为地经在地部和花部都是织平纹组织）；在纹经部分的纹板中可以看到

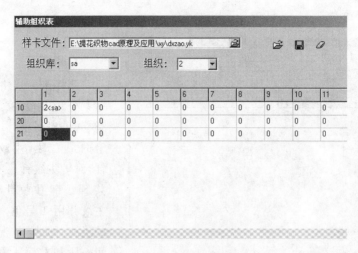

图 8-58　织物辅助组织表

纹经在地部是织 12 枚纬面组织的,而在花部是织 10 枚的经面组织。

该提花织物也可以用展开的做法来做,展开时经线密度和经线数就应该按总的来定,而且做出的展开的织物组织也要按照经线之间的比例来画组织,如本例的展开组织图就应该是一根地经、两根纹经这样的排列规律,做起来相对不展开来做会麻烦很多。做法与例 1 展开做的做法相同。

总之,对于重经提花织物,一般应该采用不展开的做法来做,这样能大大方便绘图以及工艺。

第五节　双层提花织物的工艺设计

双层提花织物就是指由两组经线和两组纬线相互重叠交织成两层,并互相接结为一个整体的提花织物。还有两组以上的经纬线重叠交织成三层或三层以上的织物,称之为多层织物。

双层织物由于采用经纬线的种类较多,所以就可以织造出更为丰富多彩的提花织物。如果在双层织物中采用不同缩率的经纬线,还可以使双层织物呈现高花效应。

在同一块提花织物中还常常将双层组织与其它组织(如重纬、重经组织等)联合使用,使双层织物呈现出更加丰富多彩的纹样效果,增加织物组织的变化效果。

双层提花织物的经线一般有表经和里经之分,纬线有表纬和里纬之分。顾名思义,所谓的表经、表纬就是指在织物的表层交织的经线和纬线,里经、里纬就是指在织物的里层交织的经线和纬线。但表经、里经、表纬、里纬并不是绝对的概念,例如某些经线在织物中的某些组织是表经,而在另一些组织里也许就是里经了,要视每一种组织的具体情况来确定表里经以及表里纬。

双层提花织物中表经和里经都是按一定的排列比来分配的,不同的双层组织其表里经的排列比也是不同的,常见的表里经的排列比为 1:1、2:1、3:1、2:3 等。同样双层组织中表里纬也是按一定比例排列的,常见的表里纬排列比有 1:1、2:1、2:2 等。

双层组织可以分为有接结点和没接结点两大类,没有接结点的双层组织表组织和里组织是分离的,表里组织之间没有任何的连接点。而有接结点的双层组织则通过接结点将上下两层组织固接在一起,而接结点又分为以下几种情况:

(1) 表经接结里纬

也就是表经与里纬之间交织构成接结点,这类接结的双层组织可以从组织的背面看见表经的颜色。

（2）里经接结表纬

也就是里经与表纬之间交织构成接结点，这类接结的双层组织可以从组织的正面看见里经的颜色。

（3）另外专加入一组经线或纬线与双层组织的表里组织都相交，起到连接表里组织的目的。这类接结方法一般比较少用，且接结的经线或纬线应该选用线密度比较细的纱线，这样可以避免漏色。

在双层组织的中间还可以专门加入另外一组纬线，这组纬线与表里组织都不相交，这样可以增加织物的厚度和弹性，使花纹形态更加突出饱满。加入的这一组纬线一般选用较粗的纱线。

下面就没有接结点的双层提花织物和有接结点的双层提花织物分别向读者举例说明双层提花织物的设计方法。

一、没有接结点的双层提花织物

例一 某双层提花织物，经线为同一种类型的纱线，但是经线在起双层组织的地方是按 1:1 的比例分为上下两层的经线（即表经与里经），纬线一共有两种，即 1 号纬线和 2 号纬线，它们按 1:1 的顺序织造。该织物一共有两种组织，地部组织为 1 号纬线和经线交织成 8 枚的纬面组织，2 号纬线和经线交织成平纹组织。花部组织为表经和 1 号纬线（此处为表纬）交织成平纹组织，构成表组织；里经和 2 号纬线（此处为里纬）交织成 5 枚经面组织，构成里组织。织物中经线密度为 78 根/cm（此处为总经密）。织物的纬线密度为 16 根/cm（此处为表纬线密度）。织物一个花回的宽度为 30.8cm，高度为 38cm。在主纹针为 2400 针的电子龙头、剑杆织机上织造。试在 Jcad 中设计该织物的上机织造文件。

解 对于双层组织而言，在 Jcad 中将经纬线展开来做，对于该实例而言，设计的步骤如下：

1. 织物小样参数确定

经密＝78 根/cm（总经密） 纬密＝16 根/cm（表纬密）

经线数＝经密×花回宽度＝78×30.8＝2402 根

纬线数＝纬密×花回高度＝16×38＝608 根

经线数 2402 针与织机规格不相符，所以可以将其修正为 2400 针，2400 针正好能被提花龙头的纹针数整除，且能够整除 2、5、8，所以经线数取 2400 根。纬线数 608 不能被 5 整除，将纬线数修正为 600 根。

在双层提花织物中经线密度与经线数的确定与单层织物中的确定方法相同。在确定纬线密度与纬线数时要注意，一般纬线密度是以表纬线的密度来确定的，同样纬线数也是以表纬线数来确定的。此例中表纬就是 1 号纬线，所以在确定纬密和纬线数时都是以 1 号纬线的纬线密度和纬线数来确定的。

2. 绘图

小样参数确定之后，就可以进行绘图了，在绘图时由于纬密和纬线是根据表纬来确定的，所以画图时根据织物的表面性状来画就可以了。最后画好的意匠图中每一横格表示两根纬纱，每一纵格表示一根经纱。

图 8 - 59 双层提花织物意匠图

3. 设色

由于该提花织物有二种组织，所以最后画好的纹样中应该有二种颜色，此处假定 1 号色为地部的组织，2 号色为花部的组织，由于是按展开的做法来做，所以在做工艺之前，还应该对图样的小样参数进行修改，将其纬线密度修改为总纬线密度，纬线数修改为总纬线数。对于此例，就应该将纬密修改为 32 根/cm，而将纬线数修改为 1200 根，"是否将原图缩放"选择是。此时织物中的每一纵格还是表示一根经纱，而每一横格则只表示一根纬纱了。图 8 - 59 就是最后做好的展开后的小样图。

4. 组织分析

在 Jcad 中做出该织物的 2 种组织，将其分别起名为 1-1 及 1-2 之后存入组织库 sg 之中，此时的两个组织均为展开的组织。对于其地部的组织来说，由于地部的经线是没有表里之分的，所以按重纬组织的做法就可以做出地部组织来了。而对于花部的双层组织来说，在做组织时可以将其分为 5 步来做。

（1）首先画出织物的表组织（也就是表经和表纬的组织），在做表组织时可以假设里经与里纬是不存在的。本例中第 1 步之后做出的组织图如图 8 - 60。

图 8 - 60 组织图

（2）画出织物的里组织（也就是里经和里纬的组织），在做里组织时可以假设表经与表纬是不存在的。本例中第 2 步之后做出的组织图如图 8 - 61。

（3）表纬与里经的交织规律，表纬遇里经时，表纬应该永远在里经之上，也就是说全是纬组织点，所以在做组织时不用画出，最后做出的组织与图 8 - 61 是相同的。

（4）里纬与表经之间的交织规律，里纬遇表经时，里纬应该永远在表经之下，也就是说全是经组织点，所以在做组织时需要将该处的组织点全部画为经组织点，最后做出的组织如图 8 - 62。

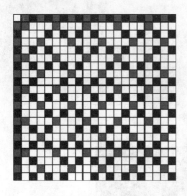

图 8 - 61　组织图

图 8 - 62　组织图

（5）做出接结点组织，接结点一般可以分为两种情况：

① 表纬接结里经，也就是说表纬遇里经时不再全部是纬组织点了，而是有一些经组织点，这就是接结点了。

② 里纬接结表经，也就是说里纬遇表经时不再全部是经组织点了，而是有一些纬组织点，这就是接结点了。

还有一种情况就是专门加入一组经线或纬线做为接结经线或接结纬线，将双层组织的上下层接结在一起。

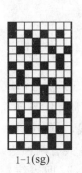

1-1(sg)

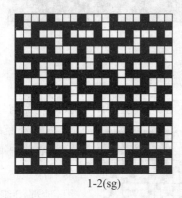

1-2(sg)

图 8 - 63　织物组织图

本例中由于双层组织是分层的，所以不存在做接结点这一步，最后的组织就是图 8 - 62 所示的组织，将该组织中的经组织点换为一种颜色后就可以保存了。

该织物最后的组织如图 8 - 63。

5. 生成、保存投梭

双层织物的投梭方法同重纬织物展开来做时的投梭方法是相同的，可以参阅重纬织物的做法一节。

6. 填组织表

根据织物的组织将前面步骤中所做的每一种组织分别填入组织表之中，该织物有两纬，且是按展开的做法来做出的组织，所以最后的组织表中每一种颜色对应的组织都只有一个，就是做出的展开的组织，每种颜色的第 1 纬组织和第 2 纬组织都是相同的，最后做出的组织表如图 8 - 64。

图 8 - 64　双层织物组织表

7. 建样卡

样卡与重纬重经织物的样卡是相同的。

8. 填辅助组织表

辅助组织表的填法与重纬织物也是相同的。

9. 纹板处理与纹板检查

最后处理好的纹板文件如图 8 - 65。

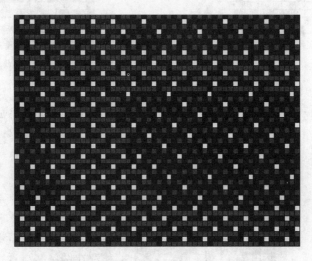

图 8 - 65　局部纹板图

二、有接结点的双层提花织物

例二　某双层提花织物,经线按 2:1 的比例分为上下两层(即表经与里经),其中的 1 号经线

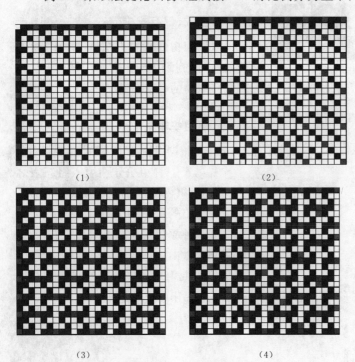

(1)　　　　　　　　　　　(2)

(3)　　　　　　　　　　　(4)

图 8 - 66　双层接结组织图

为 2,2 号经线为 1。纬线有两种,即 1 号纬线和 2 号纬线,它们按2:1的顺序织造。该织物一共有两种组织,地部组织为 1 号纬线(即表纬)和 1 号经线(即表经)交织成平纹组织构成表组织,2 号纬线(里纬)和 2 号经线(里经)也交织成平纹组织构成里组织,1 号纬线(表纬)和 2 号经线(里经)交织成 8 枚的纬面组织构成接结组织。花部组织为 1 号经线(此处为表经)和 2 号纬线(此处为表纬)交织成 10 枚纬面组织,构成表组织;2 号经线(此处为里经)和 1 号纬线(此处为里纬)交织成 5 枚经面组织,构成里组织,没有接结组织,是一个上下分层的组织。织物中经线密度为65 根/cm(此处为总

经密)。织物的纬线密度为 23 根/cm(此处为表纬线密度)。织物一个花回的宽度为 37cm,高度为 37cm。在主纹针为 2400 针的电子龙头、剑杆织机织造。试在 Jcad 中设计该织物的上机织造文件。

解 此例的基本做法与例 1 的做法是相同的,只是在做地组织时,需要将接结组织做出来。对于其它相同的步骤在这里就不再重复了,在此只对该织物的组织做法进行说明。

组织的做法与例 1 中组织的做法是相同的,同样是需要经过 5 个步骤的,对于本例中的地组织,5 步后做出的组织分别如图 8 - 66 中的(1)、(2)、(3)、(4)所示。

花组织的做法与地组织的做法是相同的,只是少了画接结点组织的这一步,画出的组织图如图 8 - 67 的 3 个组织图。

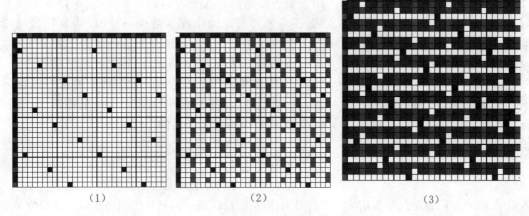

(1)   (2)   (3)

图 8 - 67 双层组织图

将织物的组织全部做好之后,就可以进行后面的工艺处理工作了,工艺处理与例 1 中的工艺处理的过程以及步骤是相同的,读者可以自己去进行后面的工艺工作。

对于双层提花织物来说,多色经多色纬的色经色纬提花沙发布是很常见的,它虽然也是属于双层织物中的一种,但是由于其组织的特殊性(其组织多为平纹以及平纹变化组织),所以在做这一类织物的组织时的思路与上面介绍的双层织物的思路是不同的,下面举例进行说明。

例三 某提花色经沙发布,其经线一共有 6 色经线,按 1:1 的顺序依次排列,6 色经线分别为红、绿、蓝、白、黑、黄六种颜色。其纬线有 3 种,也是按 1:1 的顺序依次排列的,3 种纬纱分别为白、灰、黑三种颜色。该色经提花沙发布一共有 17 种组织。其经密为 62 根/cm(为总经密),纬密为 6 根/cm(为单纬纬密)。织物的一个花回的宽度为 38.7cm,高度为 50cm。在主纹针为 2400 针的电子龙头,剑杆织机织造。试在 Jcad 中设计该织物的上机织造文件。

解 对于色经提花织物而言,在 Jcad 中也是将经纬线展开来做,但在画图时纬密以及纬线数都是按表纬密以及表纬线数来确定的。对于该实例设计的步骤如下:

1. 织物小样参数确定

经密=62 根/cm(总经密)   纬密=6 根/cm(表纬密)

经线数=经密×花回宽度=62×38.7=2399 根

纬线数=纬密×花回高度=6×50=300 根

经线数 2399 针与织机规格不相符,将其修正为 2400 针,2400 针正好能被提花龙头的纹针数整除,经线数就取 2400 根,纬线数取 300 根。

在确定织物的经密以及经线数时是以总经密以及总经线数来确定的,而纬密以及纬线数则是以表纬密以及表纬线数来确定的。

2. 绘图

小样参数确定之后,就可以进行绘图了,在绘图时由于纬密和纬线是根据表纬来确定的,所以画图时根据织物的表面性状来画就可以了。最后画好的意匠图中每一横格表示三根纬纱,每一纵格表示一根经纱。

图 8 - 68 色经提花织物小样图

3. 设色

画好的小样中一共应该有 17 种颜色,表示 17 种组织。由于做组织是按展开的做法来做的,所以在做工艺之前,还应该对图样的小样参数进行修改,将其纬线密度修改为总纬线密度,纬线数修改为总纬线数。对于此例,就应该将纬密修改为 18 根/cm,而将纬线数修改为 900 根,"是否将原图缩放"选择是。此时织物中的每一纵格还是表示一根经纱,而每一横格则只表示一根纬纱了。图 8 - 68 就是最后做好的展开后的小样图。

4. 组织分析

在 Jcad 中分别做出该织物的 17 种组织,将其分别起名后存入组织库 sj 之中,此处的组织均为展开的组织,但是在做组织时的具体思路与双层提花织物是有所区别的。做提花色经沙发布的组织时,可以以不同的纬纱与经线的交织规律来做组织,方法与重纬织物组织的做法是类似的,下面就以具体的组织为例来举例说明色经提花沙发布组织的做法。

首先以该织物的地组织为例来进行说明。

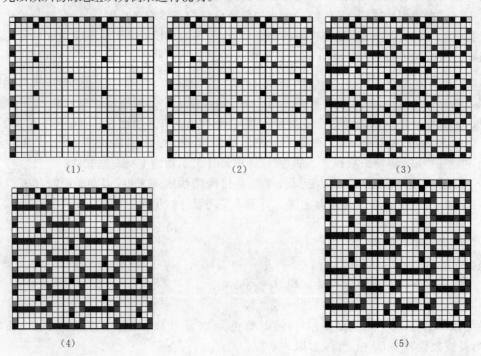

(1)   (2)   (3)

(4)   (5)

图 8 - 69 色经提花织物组织图

（1）先确定该织物的地组织，按不同的纬纱来分类，从织物的正面可以看出纬线中白色的纬纱与经线中的白色经纱交织成平纹组织，而其它的经线则均在该色纬纱的下面。由此可以画出组织图 8 - 69 中的（1）。

（2）然后观察灰色的纬纱，可以发现黄色的经纱均在该色纬纱的上面，而其余的经纱则不和其交织，均在灰色纬纱的下面，此处画出组织图如图 8 - 69 中的（2）。

（3）从该织物的反面可以看出剩余的红、绿、蓝、黑四种经线和黑色的纬线交织成平纹，画出组织图 8 - 69 中的（3）。

（4）对于在反面与剩余的经纱交织平纹的黑色的纬纱来说，白色经纱与黄色经纱是永远在其上面的（无接结点），所以根据这个可以画出组织图 8 - 69 中的（4）。

（5）接结点的做法：对于没有接结点的组织来说这一步是不用做的，而对于有接结点的组织来说，一般有表经接里纬或里经接表纬两种接结情况。对于此例来说，是表经接里纬的，具体分析出来也就是白色的经线与黑色的纬线交织成 4 枚的经面组织，最后做出的组织如图 8 - 69 中的（5）。

最后做好的组织图就是图 8 - 69 中的（5），只需要将该图像中的彩色都换为一种颜色后就可以保存组织了。

对于该提花色经织物的其它组织，分析后都与该组织的类型是差不多的，所以在做其它的组织时也可以用相同的方法来做，最后做出的组织分别将它们起名后存入组织库之中就可以了。

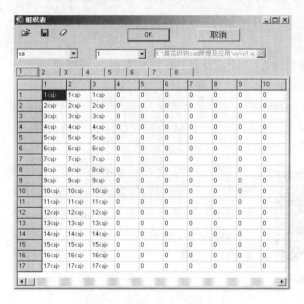

图 8 - 70 色经提花织物组织表

5. 生成、保存投梭

生成该织物的投梭文件，对于该色经提花织物而言，由于是以展开的做法来做的，所以在投梭时也按照展开的方法来投梭就可以了。投梭方法与重纬织物展开做的投纬方法相同。

6. 填组织表

根据织物的组织将前面步骤中所做的每一种组织分别填入组织表之中，由于是按展开来做的，所以对于小样中的每一种颜色在组织表中的不同梭位中都只需要填一种组织就可以了，填入的就是做好的展开的组织，最后填好的组织表如图 8 - 70。

7. 建样卡、填辅助组织表、纹板处理及纹板检查

可以直接调用前面例子中做过的样卡，而辅助组织表的填法也是一样的，最后做出的纹板如图 8 - 71（局部）。

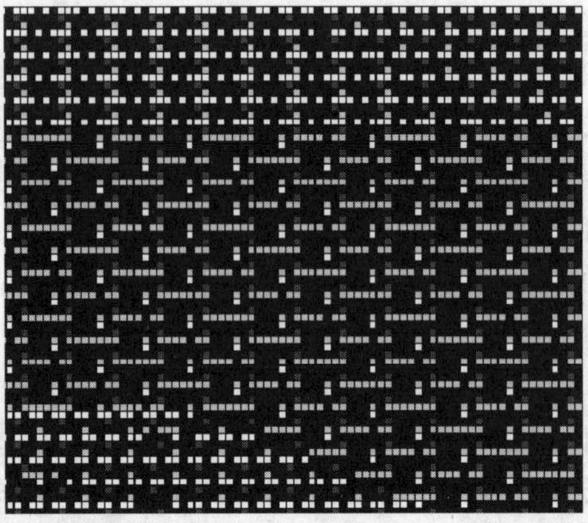

图 8-71　局部纹板图

第六节　毛毯织物设计

　　毛毯织物属于粗纺毛织物,常用的原料有羊毛、山羊绒、驼绒、马海毛、粘胶纤维、腈纶、丙纶等。按毛毯的档次高低可以分为高级羊绒素毯、高档纯毛素毯、纯毛提花毯、混纺提花毛毯、纯化纤提花毛毯等不同的种类。

　　毛毯织物的组织主要是一些三原组织以及简单的三原变化组织,毛毯表面的那些绒毛是经过后处理的"起毛工艺"从毛纱中拉出短纤维来形成的,与组织无关。

　　毛毯如果以组织结构来分类的话应属于重纬纹织物一类,它主要是以一组经线为主,而纬线一般有不同类型的两种,其中一组为地纬,另一组为纹纬。毛毯织物中组织的浮长线越长,则起的毛越长,缎纹组织较斜纹组织容易起毛;而斜纹组织又较平纹组织容易起毛。

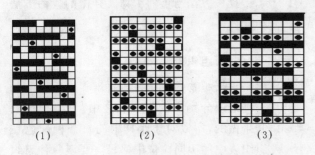

(1)　　　　　　　(2)　　　　　　　　(3)

图 8-72　纯毛地毯组织

　　对于纯毛提花毛毯和混纺提花毛毯来说组织一般用以 8 枚纬面缎纹组织为基础组织的表里换层的纬二重组织。图 8-72 为纯毛毛毯的组织图(为展开的组织图,其中■表示甲纬,◉表示乙纬),其中(1)为甲纬织底,乙纬起花的地组织;(2)为甲纬起花,乙纬织底的花组织;(3)为甲、乙纬均有起花的混色花纹组织。

　　化纤毛毯一般选用 1/3 纬面破斜纹为基础组织的表里换层的纬二重组织。图 8-73 为化纤毛毯的组织图(为展开的组织图,其中■表示甲纬,◉表示乙纬),其中(1)为甲纬织底,乙纬起花的地组织;(2)为甲纬起花,乙纬织底的花组织;(3)为甲、乙纬均有起花的混色花纹组织。

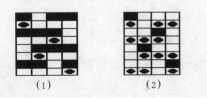

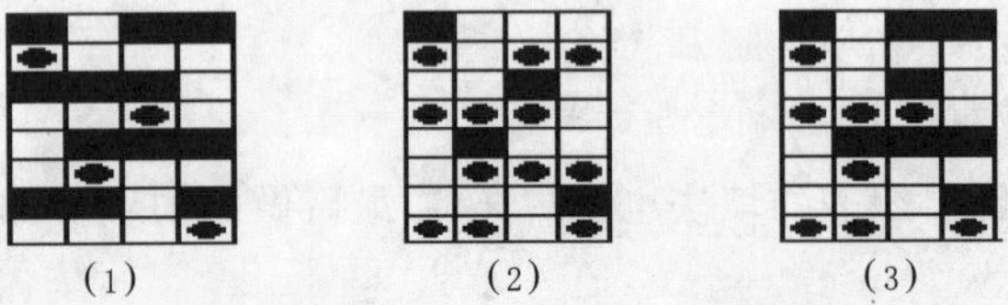

(1)　　　　　　(2)　　　　　　(3)

图 8-73　化纤地毯组织

　　提花毛毯的纹样一般都是大块面的图案,对于毛毯来说纹样的布局主要有三种:①全自由独花。②全对称纹样。③自由中心两边配以大对称的纹样。

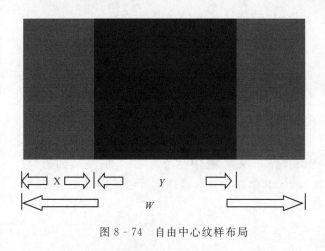

图 8 - 74　自由中心纹样布局

在实际设计中要根据具体的纹样以及织机的纹针数来确定选用什么样的纹样织法。如果纹针数足够多的话可以采用独花的织造方法来设计花样，这样织出的花样较之对称的纹样更富有表现力，但实际设计的过程中受织机的纹针数的限制做的大部分图案都是自由中心两边配以大对称的纹样，这样做出来的图案既可避免像全对称图案那么死板，也可以最大限度的发挥已有纹针的作用。但在做自由中心的图案时应会正确的计算中心自由区以及两边对称区所用的纹针数，尽量增加自由中心区的纹针数。

具体的计算过程可以参照图 8 - 74 以及后面的计算公式来计算，以得到最大的自由中心区的纹针。

根据图 8 - 74 我们可以得出以下两个方程式：

$$2X+Y=W$$

$$(X+Y)\times P_{j}\div F=A$$

其中各个参数表达的含义如下：X 表示大对称的单边幅宽（cm）；Y 表示自由的幅宽（cm）；W 表示该毛毯的总幅宽（cm）；P_{j} 表示毛毯的经线密度（根/cm）；F 表示把吊数；A 表示可用的主纹针数。一般情况下 W、P_{j}、F、A 的数值均为已知数，解此二元一次方程组就可以得出 X 与 Y 的值了。算出的 X 与 Y 的值应当修正为能够除尽毛毯的基础组织（如毛毯的基础组织为 8，则 X 与 Y 要能够除尽 8）。

另外在画混色花组织时要注意混色花组织与地组织以及花组织连接时不应出现 7 个以上的连续经组织点或连续纬组织点。

以一个门幅为 145cm，经密为 121.5 根/10cm，单把吊的地毯为例，在可用主纹针为 1408 针的织机上织造。

1. 确定纹样的正身幅宽及正身总纹经数

该毛毯的左右边各有 1.4cm 宽，所以可以算出该毛毯的正身幅宽＝145－1.4×2＝142.2cm。正身总纹经数＝142.2×121.5÷10＝1728 根

2. 确定纹样的织造方法

通过以上的步骤知道该纹样的总纹经数为 1728 根，但由于所用的织机一共只有 1408 针主纹针，所以该纹样不能用全自由独花的织造方法来做，如果对该纹样改用全对称的的纹样，则 1728 根经纱最后需要的总纹针数为 1728÷2＝864 针，那么这样的话对于 1408 针的龙头来说就有五百多纹针被浪费了，所以对此纹样可以采取自由中心与大对称纹样的设计方法来设计织造。

3. 确定自由中心与大对称的纹针

确定该地毯的设计方法之后就可以确定自由中心与大对称的纹针了，由前面的两个公式可以得出自由中心宽度 $Y＝2F\times A\div P_{j}-W＝2\times1\times1408\div12.15-142.2＝89.57$cm。自由中心

纹针数＝89.57×12.15＝1088针，大对称纹样纹针＝1408－1088＝320针。

4. 布边设计

两边各用2根把门边(即小边)，与纬纱交织成2/2的经重平组织，大边两边各用16根纱线，与纬纱也是交织成2/2的经重平组织。

5. 绘图

先将图案扫描好以后，再确定纹样的经纬密以及经纬线数，其中经密为12.1根/cm，纬密为10根/cm(单纬的纬密)；经线数为1408，纬线数为2000(单纬线数)，经纬线数注意要修正为8的倍数(即底组织的倍数)，然后将原图按组织修改好就可以了。

6. 勾边

此地毯有三种组织，在画好的图中白色表示地部组织，红色表示花部组织，绿色表示混花组织。勾边时红色可以自由勾边；绿色横向自由勾边，纵向最好用双格过渡，以保证花纹边缘处有双色纬纱相混。

7. 投梭

此织物为纬二重的重纬织物，投梭时先选取1号色，然后投第1梭(从头至尾)，再取2号色，投第2梭(也是从头至底)，最后保存2梭即可。

8. 填组织表

该地毯纹样的组织表为表8-1：

表 8-1 地毯组织表

	1.甲纬	2.乙纬
1.白色	8-1-1(sc)	8-1-j6(sc)
2.红色	8-1-j6(sc)	8-1-1(sc)
3.绿色	1-1(dt)	1-2(dt)

组织表中的组织如图8-75。

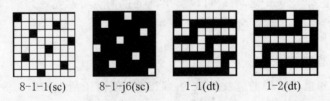

8-1-1(sc)   8-1-j6(sc)   1-1(dt)   1-2(dt)

图 8-75 地毯组织

9. 建样卡

该织机所用龙头的样卡如图8-76所示。

建该样卡时首先确定该样卡为一个16×98的样卡，在新建样卡中在行数中输入16，列数中输入98即可。该样卡中边针在前面大孔行的大孔上下各有8针，梭箱针也在这两个大孔行，一

图 8 - 76　地毯样卡

共有 4 针(梭箱针组织为 4-1-1,即 4 枚的左斜斜纹)。废边针在后面大孔行的上下各有 2 针,主纹针在中间,共有 1408 针。样卡中主纹针用 1 号色,边针用 10 号色,梭箱针用 9 号色(提前的用8 号色),废边针用 18 号色,小孔针用 20 号色,大孔针用 21 号色。

10. 填辅助组织表

在辅助组织表中先选择该织物所用的样卡,然后根据该织物的边组织以及梭箱针组织将辅助组织表填好,图 8 - 77 为该织物的辅助组织表。

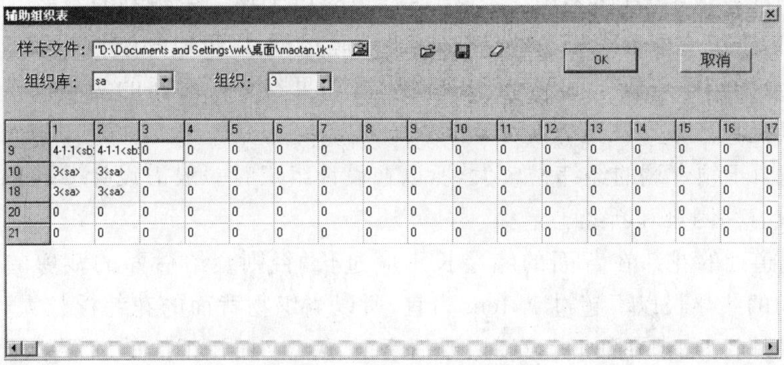

辅助组织表																×

样卡文件:["D:\Documents and Settings\wk\桌面\maotan.yk"]　　　　　　OK　　取消
组织库:[sa ▼]　　　组织:[3 ▼]

	1	2	3	4	5	6	7	8	9	10	11	12	13	14	15	16	17
9	4-1-1<sb>	4-1-1<sb>	0	0	0	0	0	0	0	0	0	0	0	0	0	0	0
10	3<sa>	3<sa>	0	0	0	0	0	0	0	0	0	0	0	0	0	0	0
18	3<sa>	3<sa>	0	0	0	0	0	0	0	0	0	0	0	0	0	0	0
20	0	0	0	0	0	0	0	0	0	0	0	0	0	0	0	0	0
21	0	0	0	0	0	0	0	0	0	0	0	0	0	0	0	0	0

图 8 - 77　地毯辅助组织表

辅助组织表中的 4-1-1(sb)表示 4 枚左斜斜纹组织,3(sa)表示单起平纹组织。

11. 纹板处理及输盘

做好以上步骤就可以进行纹板处理,如果使用的是机械龙头,就选择纹板 2 进行处理,处理出的文件后缀名为 WB;如果使用的是电子龙头,就选择 Bonas 进行处理,处理出的文件后缀名为 EP,将 WB 文件或 EP 文件发送到 3.5 寸软盘就可以去冲纸板(对于 WB)或织造(对于 EP)了。

第七节　领带织物设计

领带布是大提花织物中十分重要的一种,在生产设计中具有花型多、批量少的特点,并且领带布的花型具有小花纹的特点,按领带的纹样特色可以分为连续纹样和独花型纹样领带布,其中连续纹样是指四方连续循环的图案,多为一些小花纹或满地花构成;独花型的纹样则具有主题完整性,位置固定性的特点。领带的纹织设计常采用重纬的设计方法,通过纬纱颜色的变换来更换花色,另外也有单纬的领带组织。常用的领带材料有真丝、化纤、毛料等。

一、领带组织设计的要点

(1)一部分的领带布不论是地部还是花部都没有固定的某种规则组织,而是由一些斜向的线条、不规则的小块面或纬花来构成的,对于这样一些图形来说绘图这一步工作就显得尤其重要了,因为这样一些不规则的块面都是在绘图中画出来的,还由于成品的领带是由领带布 45°角倾斜裁剪而成的,所以在设计领带布时必须考虑其逆时针旋转 45°后的效果,这也是为什么我们见到的很多领带布设计品中很多纹样或线条都是 45°角倾斜的缘故。

(2)领带的经纬密一般都很大,所以在分析领带的组织时一般不采用拨纬浮线下的经线来数或拨经浮线下的纬线来数,从而确定组织的方法,在分析领带组织时可以采取量浮长的方法来计算具体的组织,组织循环枚数=纬浮长(cm)×经密(根/cm)或组织枚数=经浮长(cm)×纬密(根/cm)。当然使用这种方法必须准确地知道要设计的领带的经密或纬密,而且在量组织浮长的时候为了减小人为的误差应当多量几个循环的浮长,然后再算得一个浮长的长度,最后算出的组织还应根据具体的情况以及织机的纹针数来进行修正,下面举例进行说明:

某领带绸的经密为 105 根/cm,纬密为 60 根/cm,在总纹针为 1200 针的织机上进行织造,其底部为一斜向的纬面组织,我们在分析该组织时即可以用量浮长的方法来做,首先量得该斜纹组织斜向的浮长 5 个循环有 0.58cm,那么可以算得一个浮长的距离=0.58÷5=0.116,由此可以算出该斜纹组织的枚数=0.116×105(经密)=12.18,由于该领带绸在总纹针为 1200 针的织机上织造,所以其底组织应能被织机总纹针(1200 针)除尽,所以可以知道该斜纹组织为 12 枚的斜纹组织,对于斜纹的经压点数和飞数可以用针挑出,如果有一段时间的实际设计经验的话,也可以根据经验判断经压点数和飞数。

(3)同样是由于领带绸的经纬密较大,所以在设计组织时一般需设计 5 枚以上的组织,否则在交织时易造成打纬困难和断经。

(4)对于抛道处的花纬在背面的纬浮长不应过长,否则会给后面的裁剪的工作带来困难。一般花纬在背面的纬浮长以不超过 0.4cm 为宜,所以当织物背面的花纬浮长太长时采取加间丝点的方法来切断纬浮长,但在加间丝点时,要注意间丝点应加在正面的纬浮线下的经线上,以防止漏色,并且如果间丝点是以某种组织加在浮线上的,这种组织的枚数应该能够整除正面花组织的枚数。

(5)如果领带表面起花的某纬纬浮长较长,那么由于它与经线的交织次数较少,所以结构松散,那么一般在这些纬花的后面用地纬纱做一个背面组织,这个组织的交织次数应该尽量与花组织相同,从而可以保持整个领带绸的表面平整。

(6)由于相当一部分领带绸的图案是由一些几何形状的线条来构成的,所以对于这样一些领带就不用再进行扫描了,可以直接通过计算得出该领带绸一个循环的经纬线数,然后新建一个小样即可,再在新建的小样中用绘画中的工具进行纹样的设计。

二、领带织物的具体设计方法

例 1 某领带绸经密为 96 根/cm,纬密为 48 根/cm(单纬密),共有 5 色纬,采用抛道的织造方法,在总纹针为 1260 的织机上织造。

分析设计过程:

1. 组织分析

首先先观察出该领带绸是由 5 色纬纱与 1 色经纱交织而成的,进一步的分析可以发现其底部分别是由两种纬纱与经纱交织成左斜与右斜的纬面斜纹组织,另外还有 3 色纬与经纱交织成 3 种组织相同的花组织,且花梭是抛道形成的。对于底部的斜纹组织,可以用量浮长的方法来确定它的枚数,量得该斜纹的浮长为 0.13cm,所以该斜纹的枚数=0.13×96=12.48,根据织机的总纹针可以确定其为 12 枚的组织,然后可以拨出该纬面斜纹的经压点有两个,进一步分析得左斜的斜纹飞数为 2,右斜的斜纹飞数为 10。对于三种花组织可以分析出它们为 12 枚 5 飞的纬面组织,底纬在背面织 12 枚 5 飞的经面组织。另外花纬在底部的背面应有压点,压点的组织可以通过量浮长以及压点不能与正面的组织相冲突的原则,分析得背面花纬压点的组织为 72 枚 53 飞的组织。

2. 绘图与设色

在分析完织物的组织之后就可以对该领带绸进行扫描与绘画了,首先确定该织物织底的纬纱为第 1 和第 2 纬,花纬为第 3、4、5 纬。在最后画好的图形中各个颜色与组织之间的关系如下所示:

1 号色→第 1 纬起花的斜纹底组织。

2 号色→第 2 纬起花的斜纹底组织。

3 号色→第 3 纬起花的花组织。

4 号色→第 4 纬起花的花组织。

5 号色→第 5 纬起花的花组织。

3. 铺组织

绘好图之后用 6 号色在 1 号色以及 2 号色上铺上底部的斜纹组织的经压点,用 7 号色在 3、4、5 号色上铺花的 11 枚 4 飞组织的经压点,同样用 8 号色在 3、4、5 号色上铺底纬的 12 枚 5 飞组织的纬压点,最后用 9 号色在 1、2 号色上铺花纬的间丝压点。

4. 投梭、保存投梭

1 号色对应的颜色处投第 1 纬,2 号色对应的颜色处投第 2 纬,3 号色对应的颜色处投第 3 纬,4 号色对应的颜色处投第 4 纬,5 号色对应的颜色处投第 5 纬,最后保存投梭时保存 5 梭。

5. 填组织表

该领带绸组织表如表 8 - 2。

6. 建样卡

领带绸的样卡与装饰布及其它一些大提花织物的样卡是相同的,图 8 - 78 和 8 - 79 分别为机械龙头和电子龙头的样卡示范。

表 8 - 2　领带绸组织表

	1	2	3	4	5
1.1 纬花	0	1	1	1	1
2.2 纬花	1	0	1	1	1
3.3 纬花	1	1	0	1	1
4.4 纬花	1	1	1	0	1
5.5 纬花	1	1	1	1	0
6.1、2 纬经压点	1	1	1	1	1
7.3、4、5 纬经压点	1	1	1	1	1
8.1、2 纬反面经压点	0	0	0	0	0
9. 花纬背面经压点	0	0	0	0	0

对于机械龙头而言(图 8 - 78),该样卡分为 3 段,前后各有 6 针边针,停撬针在中间一段的左面,中间一段的右面有 6 针选纬针,选纬针组织为 6-1-1。

图 8 - 78　1200 针机械龙头样卡

对于电子龙头而言(图 8 - 79),1-8 针为梭箱针,其选纬针组织为 8-1-1。9 针为停撬针,前后各有 16 针边针,主纹针从 35 到 1294 共 1260 针。

图 8 - 79　1260 针电子龙头样卡

7. 填辅助组织表

先根据织机的龙头选择样卡,然后填辅助组织表,该纹样的辅助组织表如表 8 - 3。

表 8 - 3　辅助组织表

	1	2	3	4	5
7	0	0	1	1	1
9	8-1-1(sb)	8-1-1(sb)	8-1-1(sb)	8-1-1(sb)	8-1-1(sb)
10	3(sa)	3(sa)	3(sa)	3(sa)	3(sa)

其中的 8-1-1(sb)为 8 枚的左斜斜纹,3(sa)为单起平纹组织。

8. 纹板处理与纹板检查

全部做好以后就可以进行最后的纹板处理了,如果是电子龙头就根据具体的电子龙头型号选择具体的格式,如果是机械龙头就选择纹板进行处理即可。

例 2　某领带绸经密为 105 根/cm,纬密为 35 根/cm(单纬密),共有 2 色纬,在总纹针为 1296 的织机上织造。

1. 组织分析

分析知道该领带绸是由两种纬纱(甲纬与乙纬)与经纱交织而成的,两纬均为从头至尾常织。其底部是由两个大小相同、相连的小方格上下左右连续循环构成的,其中的一个小方块的组织是甲纬全部浮在正面,乙纬全部沉在反面(均与经纱没有交织点);另一个小方块的组织是经纱浮在正面,但在经浮线上面有纬压点(甲纬与乙纬均压住经线)。其中的花组织是乙纬在正面起花,甲纬沉在反面,但甲纬在反面有压点。可以用量浮长的方法来确定小方块的经向循环根数,量得小方块(两个)的浮长为 0.12cm,所以两个小方块经向的枚数=0.12×105=12.60,因为两个小方块大小相等,再根据龙头的型号,可以确定一个小方块的经向枚数为 6 枚。对于花组织可以观察出,乙纬在正面起花是没有压点的,而甲纬在反面的压点组织为 4 枚的斜纹。至于底部是经纱浮在上面的底组织中的纬压点,可以直接在纹样中点出。底组织和花组织的纬向的枚数可以直接用照物镜看出。

2. 绘图与设色

对于该领带绸不用进行扫描,只需根据计算和观察出的各个组织的经向循环与纬向循环直接画出该小样即可。在最后画好的图形中各个颜色与组织之间的关系如下所示:

1 号色→甲纬起花的小方块底组织。

2 号色→经线起花的小方块底组织。

3 号色→乙纬起花的花组织。

3. 铺组织

绘好图之后用 4 号色在 2 号色上用画笔直接点出经起花小方块中的纬压点,用 5 号色在 3 号色上铺乙纬起花部分甲纬在反面的经压点。

4. 投梭、保存投梭

由于是两纬常织,所以用 1 号色和 2 号色均从头投到尾即可。保存投梭时存 2 梭。

5. 填组织表

该领带绸组织表如表 8 - 4。

表 8 - 4　领带绸组织表

	1	2
1. 甲纬花	0	1
2. 经花	1	1
3. 乙纬花	1	0
4. 经花纬压点	0	0
5. 乙花中甲纬反面经压点	0	0

6. 建样卡、填辅助组织表、纹板处理与纹板检查

后面的样卡建法与例 1 中的相同,辅助组织表也相同,底的甲纬不停撬,花纬乙纬停撬,纹板处理相同。

三、领带设计中的规律

(1)领带绸是抛纬织物,在投梭时应根据每一种纬纱在织物中具体的分布情况来投纬,花纬一般都是在有花的地方才有,而底纬是从头至尾都有的,且底纬在织造的过程中有可能会换纬(如例 1)。

(2)领带绸设计时组织一般都是在意匠图中就得到体现的,所以在组织表中只需要填入 1 或 0 即可,具体填时发现以下一些规律,其有助与提高工艺设计的速度。

① 图样中某种颜色表示某纬起花,则在组织表中该颜色对应的这一纬填 0,其余的纬填 1。如图样中的 5 号色表示第 3 纬起花,则在组织表中的 5 号色对应的第 3 纬填 0,其余的纬填 1。

② 图样中的经起花对应的颜色所有的纬线都填 1。

③ 图样中正面经压点对应的颜色所有的纬线也都填 1。

④ 图样中反面经压点对应的颜色所有的纬线也都填 0。

第八节　商标织物设计

随着社会的发展以及人们品牌意识和法律意识的加强,商标在人们的日常生活中扮演着越来越重要的角色。商标有很多种类型,而由经纬纱交织而成的机织商标是其中十分重要的一种,它主要用于服装、纺织等轻工产品之中。

机织商标的形状主要是以矩形为主的,有一些其它形状的(圆形、椭圆形等)是在商标织造好之后经过一些特殊的后加工形成的。商标上一般是该产品的品牌名称、型号(中文或英文)、生产厂家等信息,还有一些商标上有该产品的成分、使用过程中的注意事项和其它一些关于该产品的信息。

商标织物的分类方法有很多种,常见的有按织造商标所用的织机来分以及按照商标的底组织来分类的两种方法。

一、按商标织机来分

1. 切边机商标(或烧边机)

此类商标是用较为先进的剑杆机或喷气织机织造的,它们的色纬类型一般可以达到 8 种或 8 种以上,可以织造出各种规格的商标。具体织造时它的所有的商标是连在一起从织机中织出的(同普通的装饰布),在商标织出之后在织机的胸梁和钢筘之间装有热切刀片将整幅的商标切割为若干条商标。在实际织造的过程中可以根据商标的具体宽度来调整热切刀片之间的距离来将商标分割为单条的商标。目前常用的切边商标机为德国的华宝机,所以有一些地方也将切边机叫做华宝机。

2. 木梭机商标

木梭机商标的每一条商标在织造出来时是分开的,是由若干个(与商标条数相同)纬纱梭子来织造的,这些梭子由同一个投梭板来控制,所以它们的运动规律相同。现在大部分的木梭机配置电子龙头,还有小部分配置机械龙头。木梭机织造的商标一般比较平整,边织出来较好看,但也有生产速度慢、织造商标类型受限制等缺点。

3. 勾边机商标

这类商标机的纬纱不是由梭子织入的,而是由一个钩子从商标的一端将纬纱送入然后再退出,所以它每投纬一次便会有两根纬纱织入,一般在织带机上比较常用,其中较有代表性的是瑞士 MULLER 勾边机。

二、按商标底组织来分

1. 缎面商标

如果商标的底组织是缎面组织的话(一般为 5 枚 3 飞或 5 枚 2 飞的经面组织),则称其为缎面标,缎面标的底部由于为经面组织,所以其正面比较光滑,光泽也较好,为了更好的维护织机,一般采取反面织造的方法织造。

2.平面商标

如果商标的底组织是平纹组织的话,则称其为平面标,由于平面标的底组织为平纹,所以其底部的正反面是相同的。在一些标识性的商标中用的比较多(如俗称洗水唛的商标常用平面标织造)。

3.斜纹商标

顾名思义,即是底组织为斜纹的商标,它一般是以缎面标为基础设计的。

以下将以商标织机为大类来具体讲解各种类型商标的具体设计方法。

三、木梭机商标织物设计

木梭机商标中又分为缎面标、平面标和斜纹标等,下面分类讲述它们的具体做法(商标一般均为反织,所以以下所述均为商标的反面组织)。

1.缎面标

缎面标根据底组织为纬 5 枚缎纹还是经 5 枚缎纹分为正缎标和反缎标。

正缎标:底组织为纬 5 枚的缎面标。

反缎标:底组织为经 5 枚的缎面标。

(1)正缎标

① 扫描

商标一般都是根据客户的来样然后进行设计的,所以可以先将客户的来样进行扫描后再修改(若没有来样,是自己设计,则不需此步骤)。扫描时先打开扫描中的初描(此时由于扫描仪的不同出现的扫描界面也是不同的),然后将商标按经向垂直、纬向水平放入扫描仪中,图 8 - 80 所示为明基 3300u 扫描仪的扫描界面。接下来如下操作。

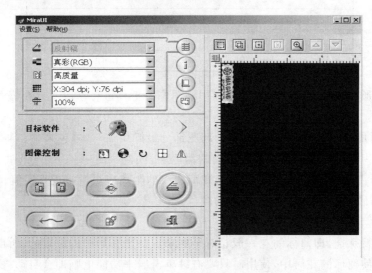

图 8 - 80　商标扫描

ⓐ 首先点击预览,稍后在右面方框中会出现当前商标的图像,然后拉动改变虚线矩形框的大小,使它正好框住要扫描的一个商标(或在扫描尺寸中输入商标的宽和高),在分辨率中根据商标的经纬密分别在 X 和 Y 中输入数值,其中

X＝经密×2.54 Y＝纬密×2.54

对于缎面标来说它的经纬密一般是固定不变的:

经密(P_j)＝120 根/cm(左右)   纬密(P_w)＝30 根/cm(左右)

全部设定好之后便可以点击扫描将图像扫描进电脑了。

ⓑ 接下来进行选色。由于商标的颜色一般都是色彩分明,花与底的色彩对比度较大的,所以一般采取手动取色,取色时先在色带中取 1 号色,然后在小样中的底色上拉一矩形框(大小任意,以不要拉到别的颜色为前提),此时色带中的 1 号色变为所拉取的颜色,然后在色带中取 2 号色,在小样中的某色花上拉一矩形框(大小任意,以不要拉到别的颜色为前提),此时色带中的 2 号色变为所拉取的颜色,用同样的方法取 3、4、5…号色,直到将所有的花色取完。

ⓒ 选好色后就进行分色,点击分色后电脑会自动将图样按所选的颜色进行分色。

ⓓ 若对分色效果不满意,可以返回重新选色分色。

② 绘图

先对商标的小样参数进行设置,其中的经纬密即为扫描时的经纬密;经线数＝经密×商标宽度(经线数必须被 8 整除);纬线数＝纬密×商标高度(纬线数最好被边组织纬线数和地组织纬线数的最小公倍数整除),其它参数不用变,选择"按原图缩放",然后将该初样存盘。常见宽度的一些缎面标以及它们对应的经纱数如表 8-5 所示。

表 8-5 缎面标常见经纱数

宽度(cm)	经纱数(根)
1.2	144
1.5	184
1.8	216
2	240 或 256
2.2	264
2.5	312
3.2	384
5	600

存盘后将图形翻转到合适的位置就可以用绘图中的工具进行修改了。在修改的过程中应注意以下几点问题:

ⓐ 底部一般最好用 1 号色来画,其它的起花部分最好用 2~8 号色来画。

ⓑ 不同的组织(即使色彩相同)要用不同的颜色来表示。

ⓒ 每个花所占的经纬线数以及花与花、花离边线的距离应尽量接近真实值。

ⓓ 花压点与底压点一般用 17 号色后的颜色。

③ 图案居中

由于商标的特殊性,即商标的花一般相对于底来说都是在居中的位置的,所以可以用特殊中的图案居中功能使商标的花居中,使用时只要右键单击居中功能电脑即会自动将图案居中。

④ 漏底

"其它"中有漏底功能,此步可做可不做(一般花与花有交界的可以漏底,花与花不相连的则不用漏底),漏底后的商标花与花的交界处更清晰。漏底颜色处的组织一般为底梭不交织,花梭组织不变。另外漏底只对1～8号色起作用,漏底颜色的对应关系为:1→13、2→14、3→15、4→16…依此类推。缎面标一般漏底为4针,也可根据实际情况自己改变漏底针数。

⑤ 商标模板

在"特殊"中的"商标模板"中选择木梭机,输入商标的剪线和折边线的宽度(剪线高度和折边线顶高一般不变)。各类边的宽度一般采用电脑的默认值,也可根据实际情况改变它们的宽度,缎面标边的形式主要有表8-6中的4种,其中的1和4是常用的。

表8-6 常见缎面标边组织经纱数

	框边	锁边	珠边
1	8	8	8
2	8	8	0
3	0	8	8
4	4	8	4

表8-6中1、2、3三种情况边组织表的填法如图8-81所示,4的边组织表的填法如图8-82所示。

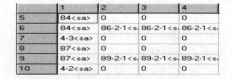

图8-81 木梭机边组织1   图8-82 木梭机边组织2

若花梭没有背衬的话,图8-81和8-82中的6号色和9号色的花梭中不用填组织,只需填0即可。图8-81与8-82中的组织代号所表示的组织如图8-83所示。

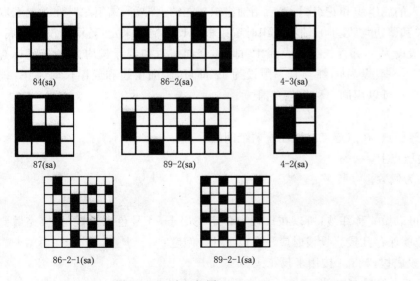

图8-83 边组织图   图8-84 缎面标底组织

⑥ 分析商标组织

正缎标的底组织一般为 5-2-1 或 5-3-1 的缎面组织,我们可以通过具体的经压点来判断组织(如图 8 - 84)。

ⓐ 底组织为 5-2-1,花组织一般有以下几种:15-7-2、15-2-2、20-7-2、20-2-2、25-7-2、25-12-2、25-17-2,其中大部分商标所用为 15-7-2 的花组织,20-2-2 和 25-12-2 为呈斜纹效果的花组织。背衬组织根据背面浮线的长短主要有以下几种:35-12-1、35-17-1、35-22-1、35-27-1、40-17-1、40-27-1、45-17-1、45-32-1、50-27-1、55-27-1 等。花组织和背衬组织配置应满足以下几条原则:a.花组织和背衬组织枚数应为 5 的倍数;b.花组织和背衬组织的飞数应为 5 的倍数加 2;c.花组织的起点一般为 2;d.背衬组织的起点一般为 1。

ⓑ 底组织为 5-3-1,花组织一般有以下几种:15-8-5、15-13-5、20-3-5、20-13-5、25-8-5、25-13-5、25-18-5,其中大部分商标用 15-8-5 的花组织。背衬组织根据背面浮线的长短主要有以下几种:35-8-1、35-13-1、35-18-1、35-23-1、40-23-1、40-33-1、45-13-1、45-28-1、50-23-1、55-28-1 等。花组织和背衬组织配置应满足以下几条原则:a.花组织和背衬组织枚数应为 5 的倍数;b.花组织和背衬组织的飞数应为 5 的倍数加 3;c.花组织的起点一般为 5;d.背衬组织的起点一般为 1。

ⓒ 对于花组织和背衬组织可以通过量浮长的方法来知道它们的枚数和飞数,枚数=经密×纬浮长(或纬密×经浮长)。例如已知某商标的底组织为 5-2-1,然后量的它的背衬的浮长为 0.35cm,则其背衬的枚数=120×0.35=42,根据以上原则将其修正为 40,可以通过压点之间的距离来判断飞数,40 枚

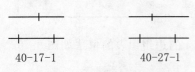

40-17-1   40-27-1

图 8 - 85   40 枚背衬组织

配 5-2-1 主要有 17 飞和 27 飞,可以通过图 8 - 85 看出它们之间的不同,对于其它的组织同样可以通过该方法来判断。

常见的浮长与枚数之间的关系如下:0.13cm→15 枚、0.17cm→20 枚、0.22cm→25 枚、0.26cm→30 枚、0.30cm→35 枚、0.35cm→40 枚、0.39cm→45 枚、0.43cm→50 枚、0.47cm→55 枚、0.52cm→60 枚。

⑦ 铺组织

先选取或生成要铺入的底组织和花组织,然后用铺组织功能铺入即可,铺组织时注意要选取全范围,铺底组织时浮长和留边均设为 0,铺花组织时留边根据具体情况来定,若商标没有漏底,则铺组织时纬向留边一般设为 3,纬浮长一般设为 12 即可,经向留边和经浮长均为 0;若商标有漏底,则铺组织时纬向留边一般设为 0,纬浮长一般设为 12 即可,经向留边和经浮长均为 0。铺组织时不同的花组织的压点可以用同一种颜色来铺。

⑧ 找连点

连点即商标反面的经压点,在点连点时要注意两个问题:

ⓐ 连点必须点在底压点上。

ⓑ 连点的总数必须为偶数。

⑨ 投梭

木梭机商标最多只可以做 4 种纬纱,所以在投梭中一定要用 1～4 号色来投梭,投梭完后要保存投梭,投了几个梭位就保存几梭。投梭时应注意以下几个问题:

ⓐ 1 号色一般用来投底梭,2、3、4 梭用来投花梭。

ⓑ 投花梭时应将连点也包括在内(即连点所在位置也应该有花梭)。

ⓒ 花梭在任何位置都应该修改成单起双结束(可用画笔修改),修改时只能补上,不可以去

掉,连点处可以不改。

　　ⓓ 如果对投梭进行过修改,则要重新保存投梭。

　　⑩ 填组织表

　　以一个 4 个色纬、边的形式为 8、8、8、有漏底的普通缎面商标为例(2 梭有背衬,3、4 梭没有背衬),它的组织表如表 8-6。

表 8-6　缎面标组织表

	1	2	3	4
1. 底梭	0	0	0	0
2. 红纬花	5-2-1(sc)	1	0	0
3. 绿纬花	5-2-1(sc)	40-17-1(sc)	1	0
4. 蓝纬花	5-2-1(sc)	40-17-1(sc)	0	1
5. 左框边	84(sa)	0	0	0
6. 左锁边	84(sa)	86-2(sa)	0	0
7. 左珠边	4-3(sa)	0	0	0
8. 右框边	87(sa)	0	0	0
9. 右锁边	87(sa)	89-2(sa)	0	0
10. 右珠边	4-2(sa)	0	0	0
11. 剪线	1	0	0	0
12. 折边线	3(sa)	0	0	0
13. 1 号漏底色	0	0	0	0
14. 2 号漏底色	0	1	0	0
15. 3 号漏底色	0	0	1	0
16. 4 号漏底色	0	0	0	1
17. 花压点	0	0	0	0
18. 底压点	1	40-17-1(sc)	0	0
19. 漏底压点	1	0	0	0
20. 连点	1	1	1	1
21. 底起花	1	5-2-1(sc)	0	0

　　⑪ 建样卡

4-1-1(sb)　　　　4-3-4(sb)

图 8-86　电子龙头选梭针组织

　　可以根据织造商标所用的龙头来建样卡,目前主要的有以下几种样卡:

　　ⓐ 电子龙头样卡:首先根据电子龙头的具体型号来确定样卡的行数和列数,目前的电子龙头一般都是 16 行的,列数根据不同的纹针数来确定;选梭针有 4 针,一般都在样卡的最前面或最后面,选梭针组为 4-1-1(sb)的斜纹组织(有一些为 4-3-4(sb)的斜纹组织);主纹针以及停撬针则根据它们的具体位置来确定,图 8-86 即为浙江大学经纬公司所

产 312 针电子龙头的样卡。

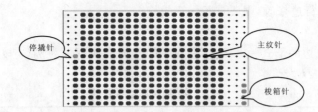

图 8-87　电子龙头样卡

ⓑ 机械龙头样卡：机械龙头样卡中有小孔以及大孔，做机械龙头的样卡时，同样要先确定行

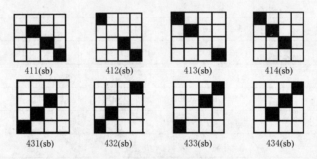

411(sb)　　412(sb)　　413(sb)　　414(sb)

431(sb)　　432(sb)　　433(sb)　　434(sb)

图 8-88　机械龙头梭箱针组织

数及列数，然后再确定小孔以及大孔的具体位置，最后再做主纹针以及梭箱针和停撬针，它的梭箱针组织为组织 411(sb)～414(sb) 或 431(sb)～434(sb)，组织图如图 8-88 所示，图 8-89 即为一个 8 行 88 列的台湾机样卡。

图 8-89　8×88 台湾机样卡

ⓒ 建木梭商标机样卡应注意的几点问题：

a. 梭箱针应用样卡中表示提前的 8 号色来表示。

b. 样卡中的主纹针数应与所做商标的经线数相符。

⑫ 填辅助组织表

同样卡相对应，也分为电子龙头和机械龙头两种不同的辅助组织表填法：

ⓐ 电子龙头：如表 8-7 所示。

表 8-7　电子龙头辅助组织表

	1	2	3	4
7 停撬针	0	1	1	1
8 梭箱针	4-1-1(sb)/4-3-4(sb)	4-1-1(sb)/4-3-4(sb)	4-1-1(sb)/4-3-4(sb)	4-1-1(sb)/4-3-4(sb)

ⓑ 机械龙头：如表 8-8 所示。

表 8-8　机械龙头辅助组织表

	1	2	3	4
7 停撬针	0	1	1	1
8 梭箱针	411(sb)/431(sb)	412(sb)/432(sb)	413(sb)/433(sb)	414(sb)/434(sb)
20 小孔针	0	0	0	0
21 大孔针	0	0	0	0

⑬纹板处理

做完前面的所有工艺步骤之后就可以进行纹板处理了,在纹板处理中选择具体的织机的类型:

Bonas→生成 EP 文件(适用于英国 Bonas 电子龙头以及国产的电子龙头)。

纹板 2→生成 WB 文件(适用于机械龙头)。

Muload、Muload Ⅱ、Muload Ⅲ→生成 uni 及 upt 文件(适用于瑞士 MULLER 织机)。

Stobi JC3/JC4、Stobi JC5→生成 JC3、JC4、JC5 文件(适用于法国 Stobi 织机)。

⑭ 纹板检查

在打开文件处根据文件的具体类型选择(如 Bonas 电子龙头的则选择 ＊.EP),然后将其打开,此时会出现"选择色纬类型"对话框,将上面横向的一排中每个框内的数字按先后顺序分别改为梭箱针在样卡中所在的位置,然后在其中填入梭箱针组织即可,由于木梭机的梭箱针是用的需要提前的 8 号色梭箱针,所以需选定提前的选项,填好后在类型描述中输入一个名字即可。例如打开图 8-87 的电子龙头样卡处理的 EP 文件时(该样卡梭箱针位置在第 381～384 针,梭箱针组织为 4-1-1(sb)),所填的选择色纬类型表格如表 8-9 所示。

表 8-9　选择色纬类型

	381	382	383	384
1	1	0	0	0
2	0	1	0	0
3	0	0	1	0
4	0	0	0	1

填好选择色纬类型之后就可以打开 WB 或 EP 图了,可以对 WB 或 EP 进行修改,对于木梭机商标来说要将共用连点处多余的连点去除(每一处留 1～2 个连点就够了)。WB 文件可以直接运用工艺中的纹板检查功能进行单块纹板的检查。

⑮ 输盘

右键点击 WB 或 EP 文件,然后将其发送到 3.5 英寸软盘就可以拿去织造了(若是 WB 文件则可以用来冲纸板)。

(2)反缎标

反缎标的做法与正缎标基本上是相同的,只是在铺组织时底组织铺入的不再是 5-2-1(sc)或 5-3-1(sc),底组织应铺入 5-2-j2(sc)或 5-3-j2(sc)。但是在花梭起花的地方,为了避免织机提升经纱过多,减轻织机的负担,底组织还是用正缎的 5-2-1(sc)或 5-3-1(sc),图 8-90 为反缎标的底组织图。

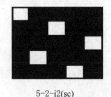

5-2-j2(sc)　　　　5-3-j2(sc)

图 8-90　反缎标底组织

2. 平面标

平面标根据底组织是 3(sa)的单起平纹还是 2(sa)的双起平纹可以分为单起平面商标和双起平面商标,它们的做法是相同的,只是对于底组织是单起平纹的商标花压点必须在奇数与偶数(或偶数与奇数)的相交点上,而对于底组织是双起平纹的商标花压点必须在奇数与奇数(或偶数与偶数)的相交点上。

（1）扫描

同缎面标的扫描，只是在定分辨率时由于平面标的经纬密与缎面标的不同而有所不同，平面标的经纬密一般也是固定的：

经密(P_j)＝60 根/cm（左右）　　纬密(P_w)＝28 根/cm（左右）

（2）绘图

同缎面标的绘图，但是平面标的经密由于与缎面标不同，所以它的宽度与经纱数之间的关系如表 8-10。

表 8-10　缎面标常见经纱数

宽度（cm）	经纱数（根）
1.2	72
1.5	96
1.8	112
2	120
2.2	136
2.5	152
3.2	196
5	304

（3）图案居中

同缎面标的图案居中。

（4）漏底

同缎面标的漏底，只是平面标的漏底一般用 2 针就可以了，但也可以根据具体情况来改变。

（5）商标模板

平面标通常是没有珠边的，平面标常见的边的形式有两种见表 8-11。

表 8-11　常见平面标边组织经纱数

	框边	锁边	珠边
1	8	8	0
2	4	8	0

如果是第一种情况则所用的边组织与图 8-81 所示的边组织是相同的，如果是第二种情况则所用的边组织与图 8-82 所示的边组织是相同的。

（6）分析商标组织

平面标的底组织为平纹组织，花组织有缎纹花和斜纹花两种，常见的缎纹花有：8-3-2(sc)、8-5-2(sc)、10-3-2(sc)、10-7-2(sc)、12-5-2(sc)、12-7-2(sc)等；常见的斜纹花有：8-1-2(sc)、8-7-2(sc)、10-1-2(sc)、10-9-2(sc)、12-1-2(sc)、12-11-2(sc)等，其中斜纹花不常用，大部分平面标用的都是 8-3-2(sc)和 8-5-2(sc)两种花组织。背衬组织根据背面浮线的长短主要有以下几种：24-7-1(sc)、32-11-1(sc)、36-13-1(sc)等。在花组织与背衬组织的配置中应满足以下几条原则：

（1）花组织和背衬组织的枚数必须能被 2 整除（即要为偶数）。

（2）花组织和背衬组织的飞数必须被 2 除余 1（即要为奇数）。

（3）枚数与飞数最好不要有公约数。

同样对于花组织和背衬组织可以通过量浮长的方法来知道它们的枚数和飞数，枚数＝经密

×纬浮长(或纬密×经浮长)。例如已知某商标为平面标,然后量得背衬的浮长为 0.42cm,则其背衬的枚数＝60×0.42＝25,根据以上原则将其修正为 24,飞数也可以像在缎面标中一样通过压点之间的距离来判断。平面标中常见的浮长与枚数之间的关系如下:0.13cm→8 枚、0.17cm→10 枚、0.20cm→12 枚、0.28cm→16 枚、0.42cm→24 枚、0.55cm→32 枚。由于背衬的压点易在正面的平纹底上显漏,所以平面标一般是没有背衬的。

(7) 铺组织

同缎面标的铺组织,只是在铺花组织时纬向留边和纬浮长可以相应的设定的小一些,如纬浮长可以设为 8。

(8) 找连点

同缎面标的连点找法。

图 8 - 91　投梭变换

(9) 投梭

同缎面标的投梭方法。但在投梭时要注意,如果两个花梭左右不相连,且没有背衬(如图8-91),则应将投梭顺序修改为如下的形式:

单梭:1 2 3

双梭:1 3 2

这样做的目的是为了商标背后不会绞纱,如果有多梭相连,则可以修改为单梭:1 2 3 4、双梭:1 3 2 4 或单梭:1 2 3 4、双梭:1 4 3 2。若花梭左右相连则不用修改投梭。

(10) 填组织表

以一个 4 个色纬,边的形式为 8、8、0,有漏底的普通平面商标为例(2 梭有背衬,3、4 梭没有背衬),它的组织表如表 8 - 12 所示(该组织表中边所用的组织还是与缎面标中边所用的组织相同)。

(11) 建样卡

同缎面标的样卡建法是相同的。

(12) 填辅助组织表

同缎面标的辅助组织表填法相同。

表 8 - 12　平面标组织表

	1	2	3	4
1. 底梭	0	0	0	0
2. 红纬花	3(sa)	1	0	0
3. 绿纬花	3(sa)	24-7-1(sc)	1	0
4. 蓝纬花	3(sa)	24-7-1(sc)	0	1
5. 左框边	84(sa)	0	0	0
6. 左锁边	84(sa)	86-2(sa)	0	0
8. 右框边	87(sa)	0	0	0
9. 右锁边	87(sa)	89-2(sa)	0	0
11. 剪线	1	0	0	0
12. 折边线	5-2-j2	0	0	0
13. 1号漏底色	0	0	0	0

	1	2	3	4
14. 2 号漏底色	0	1	0	0
15. 3 号漏底色	0	0	1	0
16. 4 号漏底色	0	0	0	1
17. 花压点	0	0	0	0
18. 底压点	1	24-7-1(sc)	0	0
19. 漏底压点	1	0	0	0
20. 连点	1	1	1	1
21. 底起花	1	3(sa)	0	0

（13）纹板处理

同缎面标的纹板处理。

（14）纹板检查

同缎面标的纹板检查。

（15）输盘

同缎面标的输盘。

3. 斜纹标

斜纹标的底组织一般为 3 枚斜纹或 4 枚斜纹,其经纬密与平面标是相同的,所以做法也是和平面标差不多,只是在组织配置上有一些不同。

（1）3 枚斜纹标的组织配置

① 左斜:ⓐ 底组织:3-1-1(sb)、3-1-j3(sb)。

ⓑ 花组织:9-4-3(sc)、9-1-3(sb)、12-7-3(sc)、12-1-3(sb)、15-1-3(sb)等,如果花组织是走双梭的话,花组织可用 15-4-3(sc)和 15-7-3(sc)。

ⓒ 背衬组织:21-10-1(sc)、27-13-1(sc)、33-16-1(sc)等。

花组织和背衬组织配置时应满足以下条件:

a. 花组织(背衬组织)的枚数能够被 3 整除,飞数被 3 除应余 1。

b. 若底组织为 3-1-j3(sb),则花下的底组织还是用 3-1-1(sb),这样可以减轻织机的负担。

② 右斜:ⓐ 底组织:3-2-1(sb),3-2-j2(sb)。

ⓑ 花组织:9-5-2(sc)、9-8-2(sb)、9-2-2(sc)、12-5-2(sc)、12-11-2(sb)、15-14-2(sb)、15-2-2(sc)等,如果花组织是走双梭的话,花组织可用 15-8-2(sc)和 15-11-2(sc)。

ⓒ 背衬组织:21-11-1(sc)、27-14-1(sc)、33-17-1(sc)等。

花组织和背衬组织配置时应满足以下条件:

a. 花组织(背衬组织)的枚数能够被 3 整除,飞数被 3 除应余 2。

b. 若底组织为 3-2-j2(sb),则花下的底组织还是用 3-2-1(sb),这样可以减轻织机的负担。

（2）4 枚斜纹标的组织配置

① 左斜:ⓐ 底组织:4-1-1(sb)、4-1-j3(sb)。

ⓑ 花组织:8-5-3(sc)、12-5-3(sc)、16-5-3(sc)、16-9-3(sc)等.

ⓒ 背衬组织:20-9-1(sc)、24-13-1(sc)、28-13-1(sc)等。

花组织和背衬组织配置时应满足以下条件:

a. 花组织(背衬组织)的枚数能够被 4 整除,飞数被 4 除应余 1。

b. 若底组织为 4-1-j3(sb)，则花下的底组织还是用 4-1-1(sb)，这样可以减轻织机的负担。

② 右斜：ⓐ 底组织：4-3-1(sb)，4-3-j3(sb)。

ⓑ 花组织：8-3-3(sc)、12-7-3(sb)、16-7-3(sc)、16-11-3(sc)等。

ⓒ 背衬组织：20-11-1(sc)、24-15-1(sc)、28-15-1(sc)等。

花组织和背衬组织配置时应满足以下条件：

a. 花组织(背衬组织)的枚数能够被 4 整除，飞数被 4 除应余 3。

b. 若底组织为 4-3-j3(sb)，则花下的底组织还是用 4-3-1(sb)，这样可以减轻织机的负担。

斜纹标的具体做法可以参照平面标的做法。

4. 切边机商标

切边机中的普通缎面标、平面标以及斜纹标的做法与木梭机是相同的，但是切边机的边一般只有压边(相当于木梭机中的锁边)和切边(相当于木梭机中的框边)两条，且边组织也有所变化。缎面切边商标的压边一般设为 2 根，切边设为 8 根；平面切边商标的压边一般设为 2 根，切边设为 4 根，当然可以根据具体情况改变切压边的具体根数。缎面切边商标的边组织和平面切边商标的边组织是相同的，如表 8-13 所示，其中的组织与木梭机中的是相同的，如果花梭没有背衬的话则组织表中的 10 号色的花梭不用打组织。

表 8 - 13　切边商标边组织

	1	2	3	4	5	6	7	8
9	4-3(sa)	0	0	0	0	0	0	0
10	4-3(sa)	4-3(sa)	4-3(sa)	4-3(sa)	4-3(sa)	4-3(sa)	4-3(sa)	4-3(sa)

切边机一般可以做 8 色的纬纱，由于切边商标是不用找连点的，所以在做切边机商标时一般底组织是不用铺入的，只需在组织表中填入底组织的代号即可。表 8-14 是一个有 8 色纬纱、花梭全部都有背衬的普通缎面商标的组织表。

表 8 - 14　切边机缎面标组织表

	1	2	3	4	5	6	7	8
1. 底梭	5-2-1(sc)	45-22-1	45-22-1	45-22-1	45-22-1	45-22-1	45-22-1	45-22-1
2. 红纬花	5-2-1(sc)	1	45-22-1	45-22-1	45-22-1	45-22-1	45-22-1	45-22-1
3. 绿纬花	5-2-1(sc)	45-22-1	1	45-22-1	45-22-1	45-22-1	45-22-1	45-22-1
4. 蓝纬花	5-2-1(sc)	45-22-1	45-22-1	1	45-22-1	45-22-1	45-22-1	45-22-1
5. 黄纬花	5-2-1(sc)	45-22-1	45-22-1	45-22-1	1	45-22-1	45-22-1	45-22-1
6. 紫纬花	5-2-1(sc)	45-22-1	45-22-1	45-22-1	45-22-1	1	45-22-1	45-22-1
7. 灰纬花	5-2-1(sc)	45-22-1	45-22-1	45-22-1	45-22-1	45-22-1	1	45-22-1
8. 黑纬花	5-2-1(sc)	45-22-1	45-22-1	45-22-1	45-22-1	45-22-1	45-22-1	1
9. 切边	4-3(sa)	0	0	0	0	0	0	0
10. 压边	4-3(sa)	4-3(sa)	4-3(sa)	4-3(sa)	4-3(sa)	4-3(sa)	4-3(sa)	4-3(sa)
11. 剪线	1	0	0	0	0	0	0	0
12. 折边线	3(sa)	0	0	0	0	0	0	0
13. 1号漏底色	0	0	0	0	0	0	0	0
14. 2号漏底色	0	1	0	0	0	0	0	0

	1	2	3	4	5	6	7	8
15. 3 号漏底色	0	0	1	0	0	0	0	0
16. 4 号漏底色	0	0	0	1	0	0	0	0
17. 5 号漏底色	0	0	0	0	1	0	0	0
18. 6 号漏底色	0	0	0	0	0	1	0	0
19. 7 号漏底色	0	0	0	0	0	0	1	0
20. 8 号漏底色	0	0	0	0	0	0	0	1
21. 底起花	1	5-2-1(sc)	45-22-1	45-22-1	45-22-1	45-22-1	45-22-1	45-22-1
22. 花压点	0	0	0	0	0	0	0	0

对于普通的切边商标可以参照木梭机的做法来做,在这里主要对一些比较特殊的切边机商标做一些说明,对这些商标的做法进行一些详细说明。

1. 高密商标

顾名思义,所谓的高密商标就是商标的纬密较之普通的商标要高的商标。高密商标的纬密一般在 45 梭/cm 左右,具体的值要根据实际情况来定,下面我们主要对一些高密标与普通商标在做法上的不同之处进行一些说明,如果没有特别指出的地方则可以按照普通商标的做法来做。

(1) 对于平面高密标来说它的高密部分底和花组织一般为正反 8 枚的组织配置,也有 5 枚的底与 5 枚或 10 枚的花相配(或 10 枚的底与 5 枚或 10 枚的花相配),具体搭配如表 8 - 15。

表 8 - 15   高密标组织配置

	底组织	花组织
1	8-3-1 或 8-5-1	8-3-j3 或 8-5-j3
2	10-3-1(sc)	10-3-j3 或 5-3-j3
3	5-3-1(sc)	5-3-j3 或 10-3-j3

(2) 因为高密标一般在头尾两段都有一部分不是高密的普通部分,所以在扫描时应当先扫描高密部分(纬线数=高密部分长度×高密部分纬密;经线数=经线密度×商标宽度),头尾两节的非高密部分在将高密部分修改完毕之后再通过修改小样参数补上去,然后用上下接回头功能将补上的部分按比例分为上下两节(补上的纬线数=非高密部分长度×商标正常纬密(即织机纬密))。

(3) 在做完商标模板之后,应当将商标的高密部分的压边线换回底色(普通的地方不用改变)。在铺完组织之后,高密部分的边组织可以自己用画笔画出,对于花组织是 8 枚的商标可以在高密部分压边线对应的经线上做一个两上两下的重平组织,但做出的组织点一定不能与已经铺入的花组织压点相冲突;对于花组织是 5 枚或 10 枚的高密部分则需要做一个两上三下的或三上两下的组织来。具体做时根据对应的花组织不同压边组织的起点也有所不同,图 8 - 92 就是花组织为 8-3-2 的高密部分各种可能的压边的形式。其它的不同组织的压边可以根据类似的原理画出。

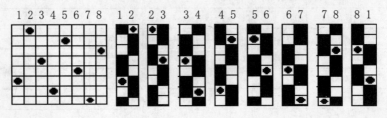

图 8 - 92   高密标边组织

图 8 - 92 中的 ◐ 表示底组织的压点, ■ 表示自己做入的高密部分的边组织。在做时画出一个循环后拷贝即可。

4. 投梭完成之后,应进入停撬功能,在织机纬密中输入正常商标的纬密,商标纬密中输入商标高密部分的纬密,OK 后先在色带中取 1 号色,然后在所生成的投梭的最后一梭的右边用鼠标左键点一下停撬出现(比如商标一共投了 3 梭,则在第 4 针上点一下,商标一共投了 5 梭,则在第 6 针上点一下),然后把头尾两段非高密部分的停撬针去除后保存投梭(以前是几梭还是保存几梭,停撬针不能计算在内)。

其它方面高密标与普通商标的做法是相同的,表 8 - 16 就是一个 8 色纬的高密标(有漏底,无背衬)组织表。

表 8 - 16　高密标组织表

	1	2	3	4	5	6	7	8
1. 底梭	3(sa)	0	0	0	0	0	0	0
2. 红纬花	8-5-1(sc)	1	0	0	0	0	0	0
3. 绿纬花	8-5-1(sc)	0	1	0	0	0	0	0
4. 蓝纬花	8-5-1(sc)	0	0	1	0	0	0	0
5. 黄纬花	8-5-1(sc)	0	0	0	1	0	0	0
6. 紫纬花	8-5-1(sc)	0	0	0	0	1	0	0
7. 灰纬花	8-5-1(sc)	0	0	0	0	0	1	0
8. 黑纬花	8-5-1(sc)	0	0	0	0	0	0	1
9. 切边	2(sa)	0	0	0	0	0	0	0
10. 压边	7(sa)	0	0	0	0	0	0	0
11. 剪线	1	0	0	0	0	0	0	0
12. 折边线	5-2-1(sc)	0	0	0	0	0	0	0
13. 1 号漏底色	1	0	0	0	0	0	0	0
14. 2 号漏底色	0	1	0	0	0	0	0	0
15. 3 号漏底色	0	0	1	0	0	0	0	0
16. 4 号漏底色	0	0	0	1	0	0	0	0
17. 5 号漏底色	0	0	0	0	1	0	0	0
18. 6 号漏底色	0	0	0	0	0	1	0	0
19. 7 号漏底色	0	0	0	0	0	0	1	0
20. 8 号漏底色	0	0	0	0	0	0	0	1
21. 底起花	1	8-5-1(sc)	0	0	0	0	0	0
22. 花压点	0	0	0	0	0	0	0	0

2. 走双梭商标

所谓走双梭商标就是指底梭走一次,而花梭却走两次,由于花梭走两次,所以花纬上的经压点因为高密和被上下的纬浮长遮盖的原因而不易显露。

走双梭商标又分为平面走双梭和缎面走双梭,平面标的花组织一般为 16 枚的纬面组织,而缎面标的花组织一般为 30 枚或 35 枚的纬面组织。由于走双梭时花梭每一个要走两次,而又需要花的压点不易显露,所以两梭的压点不能在同一根经线上,且压点要被上下浮长所遮盖,因此对于走双梭的花梭多用以下的组织配置。

（1）平面双梭标

奇数梭的起点一般定为 2，偶数梭的起点一般则定为奇数。如奇数梭的组织为 16-5-2，则偶数梭的组织可定为 16-5-11；奇数梭的组织为 16-11-2，则偶数梭的组织可定为 16-11-7。

（2）底组织为 5-2-1 的缎面双梭标

奇数梭的起点一般定为 2，偶数梭的起点一般则定为 $5n+2$（n 为 0 或正整数）。常见的有以下一些配置：奇：30-17-2，偶：30-17-7；奇：30-7-2，偶：30-7-17；奇：35-12-2，偶：35-12-27；奇：35-17-2，偶：35-17-27；奇：35-22-2，偶：35-22-12 等。如果有背衬的话，奇数梭背衬的起点一般定为 1，偶数梭的起点一般则定为 $5n+1$（n 为 0 或正整数）。常见的有以下一些背衬配置：奇：45-12-1，偶：45-12-31；奇：50-17-1，偶：50-17-31；奇：60-27-1，偶：60-27-26 等。

（3）底组织为 5-3-1 的缎面双梭标

奇数梭的起点一般定为 5，偶数梭的起点一般则定为 $5n$（n 为 0 或正整数）。常见的有以下一些配置：奇：30-13-5，偶：30-13-30；奇：30-23-5，偶：30-23-15；奇：35-8-5，偶：35-8-25；奇：35-13-5，偶：35-13-30；奇：35-23-5，偶：35-23-15 等。如果有背衬的话，奇数梭背衬的起点一般定为 1，偶数梭的起点一般则定为 $5n+1$（n 为 0 或正整数）。常见的有以下一些背衬配置：奇：45-13-1，偶：45-13-31；奇：50-23-1，偶：50-23-31；奇：60-33-1，偶：60-33-26 等。

走双梭的商标与普通商标做法的区别有以下几点：

① 走双梭的同一色纬要用同一种颜色投梭两次。例如有一个 2 梭和 3 梭都是投双梭的商标的投纬有以下两种方法：

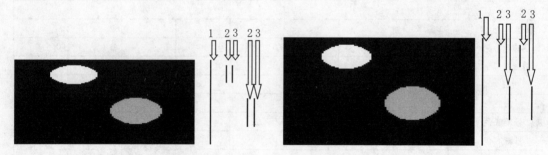

图 8-93　走双梭投纬方法 1　　　　　　　　　　图 8-94　走双梭投纬方法 2

最后织出的效果中第 2 种投梭方法织出的商标较好看。

② 铺组织：每一走双梭的色纬各要用两种颜色分别铺奇数梭和偶数梭的压点，例如上图中的第 2 和第 3 梭都是走双梭，所以花压点一共要用 4 种颜色来铺。

③ 在最后的纹板处理中由于在投梭中有了某梭占有两个或两个以上的梭位的情况出现，所以纹板处理时应选中模式 2。

表 8-17 就是一个 2、3 梭均是走双梭的（投梭是按投梭方法 2 来投梭的）缎面双梭标的（有背衬）组织表。

表 8-17　走双梭缎面标组织表

	1. 底梭	2. 红奇梭	3. 绿奇梭	4. 红偶梭	5. 绿偶梭
1. 底梭	5-3-1(sc)	45-13-1	45-13-1	45-13-31	45-13-31
2. 红纬花	5-3-1(sc)	1	45-13-1	1	45-13-31
3. 绿纬花	5-3-1(sc)	45-13-1	1	45-13-31	1
9. 切边	4-3(sa)	0	0	0	0
10. 压边	4-3(sa)	4-3(sa)	4-3(sa)	4-3(sa)	4-3(sa)

续表

	1. 底梭	2. 红奇梭	3. 绿奇梭	4. 红偶梭	5. 绿偶梭
11. 剪线	1	0	0	0	0
12. 折边线	3(sa)	0	0	0	0
21. 红奇压点	5-3-1(sc)	0	0	1	0
22. 红偶压点	5-3-1(sc)	1	0	0	0
23. 绿奇压点	5-3-1(sc)	0	0	0	1
24. 绿偶压点	5-3-1(sc)	0	1	0	0

三、双层标

双层标就是在缎面机上一个上下两层的平面标,其多用于拉链头处。双层标可以分为表里接结、袋状、袋状填芯等不同类型。双层标又有普通的双层标以及高密双层标之分,下面以举例的方式,就做双层标的具体步骤进行说明:

(1) 首先对双层标的上、下层情况有一初步了解。如本例中双层标的上层为白底黑字 2 种颜色,下层还是白底,但花色有黑花、红花、黄花、绿花 4 种,共有 5 种颜色。

(2) 分别以平面标(或高密标)的经纬密扫描双层标的上、下层,将上、下层图案分别取名(比如上层取名为 sc. xy;下层取名为 xc. xy),然后将上、下层的图案分别修改完毕。

(3) 上、下层图案所用的颜色要区分开来,且上层图案是反的,下层图案是正的。如本例:

上层　1 号色:白底;6 号色:黑花,图案为反的。

下层　1 号色:白底;2 号色:黑花;3 号色:红花;4 号色:黄花;5 号色:绿花,图案为正的。

(4) 各自补上单层部分(即双粘部分),如无单层可省略本步。

(5) 分别铺上、下层的压点,上、下层的压点颜色要区分开来。

上层:花压点起点为 1,用 8-5-1 或 8-3-1。

下层:花压点起点为 2,用 8-5-2 或 8-3-2。

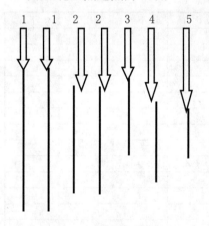

图 8 - 95　双层标投梭

(6) 进入"绘图"中的花样组合,在其中输入:

偶经花样→下层:xc. xy

奇经花样→上层:sc. xy

按 OK 后上下层组合在一起,然后进入小样参数设置,将经线数扩大一倍,"将原图缩放"选择 NO。最后将文件另存为(如 hb. xy)。

(7) 拉边线:在组合好后的花样的左右两边用 10 号色分别拉 8 针、12 针或 16 针的边线。

(8) 投梭:每一梭走了几次就投几个梭位,例如本例中的投梭如图 8 - 95 所示。

(9) 组织表:本例的组织表为表 8 - 18。

表 8 - 18　普通双层标组织表

	1. 上白	2. 下白	3. 上黑	4. 下黑	5. 下红	6. 下黄	7. 下绿
1. 双白(空)	420(sd)	421(sd)	422(sd)	422(sd)	422(sd)	422(sd)	422(sd)
2. 下黑	420(sd)	421(sd)	0	1	0	0	0
3. 下红	420(sd)	421(sd)	0	0	1	0	0

续　表

	1. 上白	2. 下白	3. 上黑	4. 下黑	5. 下红	6. 下黄	7. 下绿
4. 下黄	420(sd)	421(sd)	0	0	0	1	0
52(下绿)	420(sd)	021(sd)	0	0	0	0	16. 上黑
8. 双白(粘)	420(sd)	428(sd)	0	0	0	0	0
9. 双黑(粘)	420(sd)	421(sd)	202(sd)	0	0	0	0
10. 切边	432(sd)	433(sd)	434(sd)	434(sd)	434(sd)	434(sd)	434(sd)
11. 剪线	200(sd)	428(sd)	0	0	0	0	0
19. 上层花压点	1	1	1	1	1	1	1
20. 下层花压点	0	0	0	0	0	0	0

表 8-18 中各组织代号表示的组织如图 8-96。

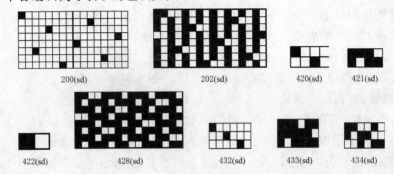

200(sd)　　　202(sd)　　　420(sd)　　421(sd)

422(sd)　　　428(sd)　　　432(sd)　　433(sd)　　434(sd)

图 8-96　普通双层标组织图

(10) 辅助组织表与普通商标填法相同,最后处理时注意一定要选择模式 2。

表 8-19 再给出一个高密双层标的组织表(填组织表之前的做法与普通双层标相同),读者在做高密双层标时可以参考该组织表(该高密双层标为一上下层图案相同,上下层各有 4 色纬,黑色为底的双层标)。

表 8-19　普通双层标组织表

	1. 上黑	2. 下黑	3. 上白	4. 下白	5. 上红	6. 下红	7. 上黄	8. 下黄
1. 上黑	0	1	203(sd)	204(sd)	1	1	1	1
2. 上白	203(sd)	204(sd)	0	1	1	1	1	1
3. 上红	203(sd)	204(sd)	1	1	0	1	1	1
4. 上黄	203(sd)	204(sd)	1	1	1	1	0	1
5. 下黑	0	1	203(sd)	204(sd)	0	0	0	0
6. 下白	203(sd)	204(sd)	0	0	0	0	0	0
7. 下红	203(sd)	204(sd)	0	0	0	1	0	0
8. 下黄	203(sd)	204(sd)	0	0	0	0	0	1
10. 切边	200(sd)	201(sd)	205(sd)	206(sd)	203(sd)	203(sd)	203(sd)	203(sd)
11. 剪线	205(sd)	206(sd)	200(sd)	201(sd)	0	0	0	0
13. 上黑漏底	0	1	422(sd)	204(sd)	1	1	1	1
14. 上白漏底	422(sd)	204(sd)	0	1	1	1	1	1
15. 上红漏底	422(sd)	204(sd)	1	1	0	1	1	1
16. 上黄漏底	422(sd)	204(sd)	1	1	1	1	0	1
17. 下黑漏底	0	1	203(sd)	422(sd)	0	0	0	0
18. 下白漏底	203(sd)	422(sd)	0	1	0	0	0	0
19. 下红漏底	203(sd)	422(sd)	0	0	0	1	0	0
20. 下黄漏底	203(sd)	422(sd)	0	0	0	0	0	1
21. 上花压点	1	1	1	1	1	1	1	1
22. 下花压点	0	0	0	0	0	0	0	0

组织表中的组织如图 8 - 97 所示。

对于勾边机商标的具体做法可以参考木梭机商标的做法,勾边机商标做法与木梭机是类似的。

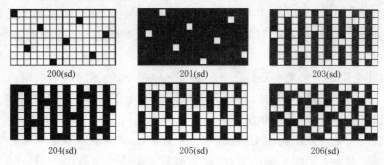

图 8 - 97　高密双层标组织图

第九节　毛巾织物设计

毛巾具有良好的吸湿性、保暖性和柔软性,是人们日常生活中的必需品,以前主要是用于人们日常生活中的擦、铺、盖等,但是随着人们生活水平的不断提高、生产工艺的改进以及生产机械性能的提高,现在的毛巾不但在实用性方面大大改进,在装饰性方面的作用也更加突出。随着提花 CAD 设计软件、电子提花机及绣花机的大量普及,毛巾的产品开发及加工方法也日趋先进和多样化,使现在的毛巾产品出现了提花、印花、高矮毛圈、绣花、贴花、双层等风格各异,琳琅满目的多品种的产品。

提花毛巾织物是由两组经纱和一组纬纱交织而成的,其中毛经和纬纱交织形成毛圈组织,地经与纬纱交织成地组织,毛圈组织与地组织配合后,再通过织机特殊的长短打纬装置即可织造出完整的毛巾来。

提花毛巾的种类很多,常见的有面巾、餐巾、枕巾、浴巾、毛巾被、地巾等,还有一些毛巾是经过特殊加工处理的,如碱缩毛巾(用冷浓烧碱溶液浸渍,使毛巾骤缩,可改善毛巾的吸水性和上染性,也可使较高的毛圈呈螺旋状,达到手感丰满,外观独特的效果),丝光毛巾(用丝光纱做毛经或地经),绒面毛巾(割去毛圈顶部,使毛巾有绒毛感)。

提花毛巾的原料主要以棉纱为主,有纯棉毛巾、真丝毛巾、化纤毛巾、混纺毛巾等品种。

提花毛巾的花纹图案简洁大方,具有较强的立体感,他的花型和色彩主要是有毛经纱所起的组织以及色经的交替来体现的,毛巾所起组织有正反面均有毛圈的单双毛组织以及单面起毛的凹凸毛组织。

一、毛巾织物的组织

毛巾织物中地经纱与毛经纱排列之比一般为 1:1,另外地经纱与毛经纱排列之比还有 1:2,2:2 等排列情况。地经与毛经的基本组织一般都为平纹变化组织,在配置地经与毛经组织时应遵循三个原则才能使做出的毛巾不出现病疵。

(1) 纬纱必须对毛巾有足够的夹持力。

(2) 尽量减小打纬阻力。

(3) 避免纬线反拨。

1. 提花毛巾正身组织

毛巾织物的组织结构对毛巾的外观以及物理性能将会起到举足轻重的作用,因此毛巾的工艺设计人员对毛巾组织的设计将对毛巾的质量好坏起很大的作用。毛巾中的每个毛圈都是由若干纬线通过长短打纬形成的,其中最常见的是每三纬起一个毛圈,称为三纬毛巾,其他还有四纬起一个毛圈的四纬毛巾及五纬毛巾等。图 8 - 98 是一些常用的三纬毛巾的组织图,其中单数经线(◉)为地经,双数经线(■)为毛经。(1)为单单经单单毛正面起毛的毛巾组织;(2)为单单经单单毛反面起毛的毛巾组织;(3)为单单经单单毛双面起毛的毛巾组织;(4)为单单经单双毛双面起毛的毛巾组织(反面毛圈数比正面毛圈数多一倍);(5)为单单经双双毛双面起毛的毛巾组织;(6)为单双经单双毛双面起毛的毛巾组织(正面毛圈数比反面毛圈数多一倍);(7)为单双经双双毛双面起毛的毛巾组织。除了三纬毛巾之外还有四纬、五纬、六纬毛巾,它们的组织图如 8 - 99,1 为一、二、三纬短打纬,第四纬长打纬的四纬毛巾组织;2 为一、二纬短打纬,三、四纬长打纬的四纬毛巾组织;3 为一、二、三纬短打纬,四、五纬长打纬的五纬毛巾组织;4 和 5 都为一、二、三、四纬短打纬,五,六纬长打纬的六纬毛巾组织。

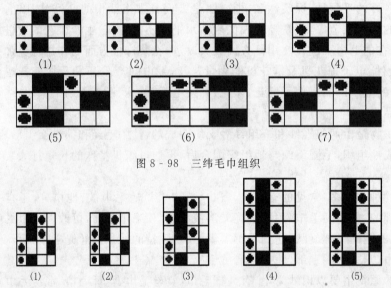

图 8 - 98 三纬毛巾组织

图 8 - 99 四、五、六纬毛巾组织

2. 提花毛巾平布组织

提花毛巾的两头分别有一段平布,三纬毛巾平布部分的组织如图 8 - 100 所示。

图 8 - 100 平布组织

3. 提花毛巾缎档组织

随着消费水平的提高,顾客对毛巾在美观上的要求也越来越高了,因此工艺人员在提花毛巾的整个花纹循环中,为了增加装饰效果而在经向的局部位置加上具有类似于装饰布的具有缎纹光泽效果的横条,提高产品的档次,这一部分便称为缎档,缎档部分常用的纱线有棉纱、具有闪光效果的粘胶长丝、丝光纱线及涤纶长丝等。缎档部分常用的组织有纬二重组织、平纹变化组织和斜纹变化组织。现在毛巾的缎档部分组织也越来越复杂,在设计毛巾缎档部分的组织时可以具体参考纬二重以及双层装饰布的做法。

4. 提花毛巾边组织

提花毛巾的边组织具有防止经纱脱落、美化织物等作用,要求质地坚牢、外观匀整、不卷边、平整挺刮,毛巾边组织主要是以经重平为主的。平布及正身部分的边组织主要有 3/3 经重平、2/2 经重平等组织,缎档部分的边组织主要有 4/4 经重平、6/6 经重平、9/9 经重平、12/12 经重平等组织。

二、提花毛巾的特殊送经和打纬装置

提花毛巾的毛经和地经分别卷绕在上下两个经轴上,其中毛经织轴在上,地经织轴在下,两个经轴根据纬密和毛圈高度决定送经量,其中毛经送经量大,送经张力小;地经送经量小,送经张力大。其中地经与毛经送出量之比称毛长倍数,毛长倍数决定了毛圈的高度。为了形成毛圈,除了合理的组织设计以及特殊的送经装置外,还要有能够长短打纬的特殊的打纬机构,织机是通过控制筘座动程的大小来实现长短打纬的。长短打纬的距离对毛圈的高度也会产生很大的影响,织口和新投入纬纱之间距离越大毛圈越高。另外由于地经在毛巾正身与平布部分的组织一般是不变的,所以当纹针数不够用时我们可以将地经纱穿入两片综框由踏盘来控制地经的升降运动。

三、提花毛巾穿综、穿筘

1. 毛巾穿综

由于毛巾与地经张力不同,所以为了保证织造时梭口清晰,一般采取毛经、地经分区穿综法,毛经在前区,地经在后区。每个综眼内穿入的经纱根数等于毛经和地经排列根数。例如毛经:地经＝1:1,则毛经每综 1 根,地经每综 1 根;毛经:地经＝2:1,则毛经每综 2 根,地经每综 1 根;毛经:地经＝2:2,则毛经每综 2 根,地经每综 2 根,以此类推。穿综方法一般采用分区顺穿法(毛经与地经分别逐一穿入前区和后区)和顺穿法(全幅经纱依次穿入综丝眼),当纹针数不够用时也可以采用对称穿法或多把吊形式织造。

2. 毛巾穿筘

毛巾的穿筘是按照毛经、地经的排列比穿入同一筘齿的。如毛经:地经＝1:1,则采取 2 穿入;毛经:地经＝2:1 则采取 3 穿入;毛经:地经＝2:2 则采取 4 穿入。吊综时由于地经张力大,升降时容易挂带松弛的毛经,所以毛经的位置应偏高。另外对于宽幅的毛巾最好采用翻筘穿法,翻筘穿法如图 8 - 101(2)。

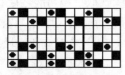 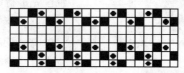

(1)一般毛巾穿筘方法   (2)翻筘穿法

图 8 - 101 毛巾穿筘方法图解

四、提花毛巾的纹样和意匠

提花毛巾具有立体感强,手感柔软丰厚等特点。如果将提花毛巾与印花、绣花、贴花等配合,还可以生产出更多品种丰富的毛巾产品来。提花毛巾的纹样主要通过三种方式来实现:

(1)起毛圈和不起毛圈部分构成凹凸花纹图案。

(2)不同色彩的毛经起毛圈构成双色及多色毛巾花纹图案。

（3）凹凸花纹和色彩花纹联合构成的花纹图案。

提花毛巾纹样常常以动物、花卉、卡通人物以及文字等为主，毛巾纹样的布局以连续图案和独花图案为主，再配以对称花型、自由花型及混合花型等多种形式。另外对于设计人员来说在毛巾纹样的设计过程中还应该充分考虑毛巾的用途以及销售地区的民族习惯等客观因素，这样才能设计出适销对路的产品。

对于传统的提花毛巾来说，毛经纱是由提花纹针控制的，而地经纱则是由踏盘来控制的，所以毛巾意匠图只是毛经纱的意匠图。但当采用大提花龙头或电子提花龙头织造时则毛经纱和地经纱都是由提花纹针来控制的，我们最终所做出的意匠图也就是既包括毛经纱，也包括地经纱的意匠图（以下的实例中默认为此情况）。

五、无缎档毛巾实例（假定为三纬一碰，毛经纱：地经纱＝1：1）

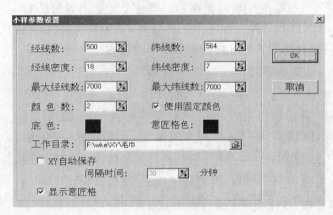

图 8-102　小样参数

1. 投梭不展开的做法（常用做法）

（1）绘图

在对图样绘画之前先对图样的小样参数进行修正。其中的经线数为织造当前小样所要用的毛经纱数（或地经纱数），经线密度为织造当前小样的毛经密度（或地经密度）；纬线数为当前小样平布及起毛部分的总碰数（即毛圈数），纬线密度即为毛巾的毛圈密度。定好后的小样参数如图 8-102 所示，在此小样参数的基础上就可以对该小样进行修改了，修改好后的图形如图 8-103。在此图形的基础之上就可以进行接下来的工艺步骤了。

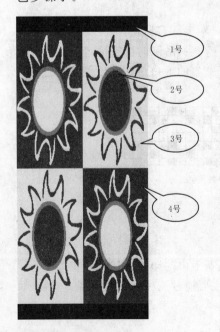

图 8-103　小样

（2）投梭

该图样中的 1 号色为该毛巾的平布部分，2、3、4 号色分别为起毛部分的不同组织。由于毛巾的平布部分与起毛部分一般是用同一种纬线的，所以此毛巾可以只用一把梭来织造。绘好图后首先进行的工艺是投梭，选取投梭功能之后我们在色带中取 1 号色，然后在图样中 1 号色对应的区域在 1、2、3 三个梭位连投三梭（都用 1 号色），再在 2、3、4 号色对应的区域在 4、5、6 三个梭位连投三梭（也都用 1 号色）。投梭完成后保存投梭时需保存 6 梭。

（3）填组织表

投梭完成后就可以填组织表了，组织表分为两造来填，其中第 1 造为毛经纱的组织，第 2 造为地经纱的组织。该小样毛经组织表如图 8-104，地经组织表如图 8-105。1 号色为平布，2 号色为全部反面起毛的凹毛组织，3 号色为奇数毛经正面起毛，偶数毛经反面起毛的单毛组织，4 号色为奇数经线反面起毛，偶数经线正面起毛的双毛组织。组织表中各种组织代号所表示的组织如下：

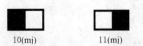

10(mj)　　　11(mj)

（4）建样卡

毛巾的样卡主纹针分为毛经针和地经针两种，其中毛经针用样卡中的1号色来画，地经针用样卡中的2号色来画。具体的画法要根据提花龙头上纹针的吊挂来画。图8-106和8-107分别为两种不同吊挂方法的电子龙头样卡。

图8-106样卡为16×84的电子龙头样卡，其中毛经针和地经针都为500针，具体分布为：第1~8针梭箱针；第9针停撬针；第17针起毛针；第18针落毛针；第113~128针边针；第129~628针毛经针；第641~1140针地经针；第1153~1168针边针，其余为空针。

图8-107样卡也为16×84的电子龙头样卡，其中毛经针和地经针都为500针，具体分布为：第1~8针梭箱针；第9针停撬针；第17针起毛针；第18针落毛针；第113~128针边针；129~136为毛经针；137~144为地经针；145~152为毛经针；153~160为地经针；后面以次类推，每16针一个循环，各有8针毛经和8针地经，直到毛经针和地经针都够500针为止；1137~1152为边针，其余为空针。

在毛巾样卡的绘画过程中各种辅助针所用颜色如下：7-停撬针；8-梭箱针（提前）；9-梭箱针（不提前）；10-边针；11-起毛针；12-落毛针；13-长毛针；14-短毛针；18-废边针，如果还有其他功能针的话可以用样卡设计中的辅助针来表示。

（5）填辅助组织表

打开辅助组织表，首先在样卡文件中选择织造当前小样所用的样卡文件，然后根据具体的梭箱针组织等来填辅助组织表，对于电子龙头来说一般辅助组织表的填法如图8-108。

其中7号停撬针在平布及起毛部分均不作用（即

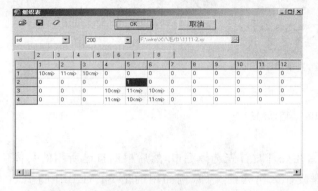

图8-104　毛经组织表

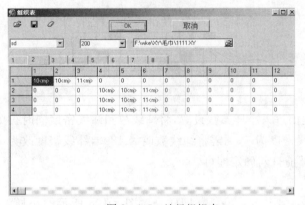

图8-105　地经组织表

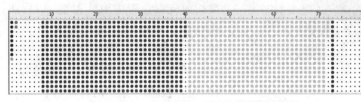

图8-106　毛经、地经分开吊挂样卡图

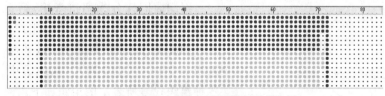

图8-107　毛经、地经混合吊挂样卡图

平布和起毛部分不用停撬）；9号梭箱针组织为8-1-1的斜纹组织，如果是机械龙头的话则要根据具体的龙头来确定梭箱针组织；10号边针在平布及起毛的部分一般都织造经三重组织，但由于10号边针在生成纹板时会自动展开，所以只需在其中填入平纹即可（2(sa)即为平纹组织）；11号起毛针在起毛的4、5、6梭打1即可；而表示不起毛的12号落毛针在平布的1、2、3梭打1即可。

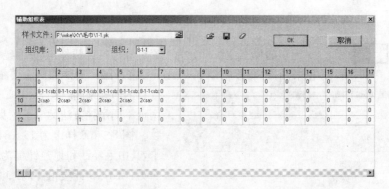

图 8 - 108　辅助组织表

（6）纹板处理

做完以上的各步之后就可以生成纹板了，在处理时首先选择毛巾，然后根据自己所用的具体的龙头生产厂家的机器型号来选择需要处理成什么格式的文件（例如用的是 STAUBLI 的 JC5 文件格式的龙头就选择 Stobi JC5 即可处理出织造所需要的 JC5 文件）。需要特别强调的一点是如果用不展开的投梭方法来做的话，由于第 1 梭一共走了 6 个梭道（超过 2 个），所以在处理时应在模式 2 前打勾。

2. 投梭展开的做法（不常用）

（1）绘图

步骤同不展开的做法，只是在进行投梭之前进入小样参数设置，将纬线数和纬线密度同时扩大 3 倍（例如原小样参数中纬线数为 600，纬线密度为 7，则需将纬线数改为 1800，纬线密度改为 21），OK 后在弹出的对话框中在"将原图缩放"前打勾确定即可。

（2）投梭

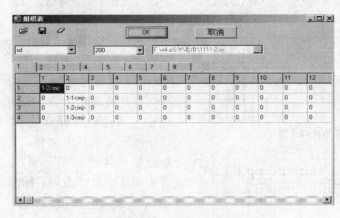

图 8 - 109　毛经组织表

同样是对图 8-103 所示的小样，投梭时先在色带中取 1 号色，然后在小样中 1 号色对应的区域在第 1 个梭位投 1 梭，同样在 2、3、4 号色对应的区域还用 1 号色在第二个梭位投 1 梭，保存投梭时保存两梭即可。

（3）填组织表

组织表同样分为两造来填，第 1 造为毛经组织，第 2 造为地经组织，毛经组织表如图 8 - 109 所示，地经组织表如图 8 - 110 所示，组织表中各种组织代号所表示的组织如下：

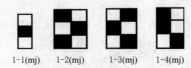

（4）建样卡

同不展开建样卡的做法是相同的。

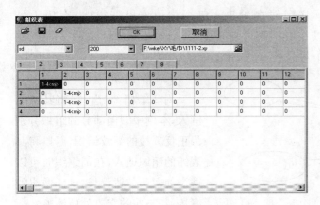

图 8－110　地经组织表

（5）填辅助组织表

如图 8－111 所示,停撬针与梭箱针的填法还是同不展开做相同,但 10 号边针中需填入一个 3 上 3 下的经重平组织〔3-3（sa）即 1 个 3 上 3 下经重平组织〕,而 11 号起毛针在表示起毛的第 2 梭位打 1 即可,落毛针在表示落毛的第 1 梭位打 1 即可。

（6）纹板处理

同不展开的纹板处理。

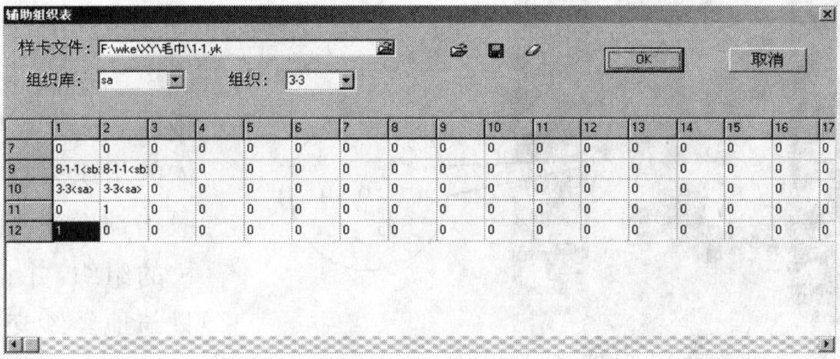

图 8－111　辅助组织表

六、有缎档毛巾实例（假定为三纬一碰,毛经纱∶地经纱＝1∶1）

1. 投梭不展开的做法（常用做法）

（1）绘图

有缎档的毛巾在绘图时应将毛巾分为平布、起毛、缎档三部分来分别绘图,然后再将它们组合在一起。在画平布和起毛部分时经纬线数和经纬密度与没有缎档的毛巾的确定方法是相同的。在画缎档时,纬密以及纬线数的确定是以缎档部分的表纬密以及表纬线数来确定的（例如缎档部分是三重纬,总纬密为 63 根/厘米,总纬线数为 630 根,则在画缎档部分时纬密定为 21 根/厘米,总纬线数定为 210 根）,经线数以及经线密度同平布与起毛部分。在将平布、起毛、缎档三部分的图形都绘画好之后,利用"其他"里的拼接功能将这三部分拼接在一起。在进行拼接之前,由于三部分的经线数和经线密度是相同的,所以对于经线数和经线密度不必再做调整;对于平布和起毛部分的纬线数和纬线密度也不需要再进行什么调整,而对于缎档部分来说需先在小样参数中将其的纬线密度改为与平布与起毛部分密度相同（此时缎档部分的图形为一被经向拉长的图形）,之后便可以进行拼接了。拼接好后的图形如图 8－112 所示,这时的小样参数中经线数为织造当前毛巾所需要的毛经线数（或地经线数）,经线密度为毛经的经线密度;纬线数为平布与起毛部分加上缎档部分的表纬数,纬线密度即为起毛部分的毛圈密度。

（2）投梭

该图样中 1 号色为该毛巾的平布部分,2～8 号色为起毛部分,9～12 号色为缎档部分。选取投梭功能之后我们在色带中取 1 号色,然后在图样中 1 号色对应的区域在 1、2、3 三个梭位连投三梭(都用 1 号色),再在 2～8 号色对应的小样区域在 4、5、6 三个梭位连投三梭(也都用 1 号色),此毛巾的缎档部分是由两纬织造的,所以在缎档部分对应的 9～12 号色区域选取 2 号色在第 7 个梭位投一梭,然后选取 3 号色在第 8 个梭位投一梭,最后保存投梭时保存 8 梭。

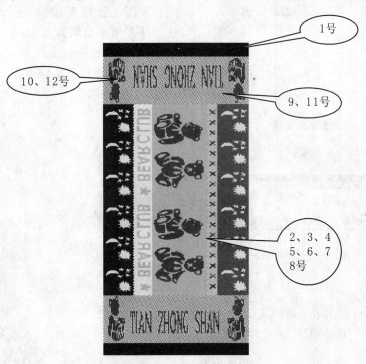

图 8 - 112　缎档毛巾

(3) 铺组织

对于缎档部分可以将其组织铺入,本例中缎档部分的组织分别为正反 5 枚的缎纹组织,可以将其表纬的组织铺入,在铺组织时可以适当的留边与留浮长,这样做出的缎档,花与花的交界处更清晰。

(4) 填组织表

组织表中平布与起毛部分的填法与没有缎档的毛巾填法相同,对于缎档来说,要根据具体的组织来填 ,在本例中,假定缎档部分的组织分别为正反 5 枚的组织,并且缎档部分的纬纱只与地经纱交织,毛经纱藏在两种纬纱之间不参加交织。其中 1 号色表示平布部分;2、5、7、8 色表示奇数毛经正面起毛,偶数毛经反面起毛的单毛组织;3、4、6 色表示偶数毛经正面起毛、奇数毛经反面起毛的双毛组织;9、10、11、12 色表示毛巾的缎档部分,其中 9、11 号色表示第 7 纬正面起 5 枚的纬花,第 8 纬在反面起 5 枚的纬花(11 号色为正面的经压点);10、12 号色表示第 8 纬正面起 5 枚的纬花,第 7 纬在反面起 5 枚的纬花(12 号色为正面的经压点)。具体的填法如图 8 - 113、8 - 114 所示。

组织表

OK　取消

sa　10　F:\wke\XY\毛巾\ZP12-1.XY

1　2　3　4　5　6　7　8

	1	2	3	4	5	6	7	8	9	10	11	12
1	10<mj>	11<mj>	10<mj>	0	0	0	0	0	0	0	0	0
2	0	0	0	10<mj>	11<mj>	10<mj>	0	0	0	0	0	0
3	0	0	0	11<mj>	10<mj>	11<mj>	0	0	0	0	0	0
4	0	0	0	11<mj>	10<mj>	11<mj>	0	0	0	0	0	0
5	0	0	0	10<mj>	11<mj>	10<mj>	0	0	0	0	0	0
6	0	0	0	11<mj>	10<mj>	11<mj>	0	0	0	0	0	0
7	0	0	0	10<mj>	11<mj>	10<mj>	0	0	0	0	0	0
8	0	0	0	10<mj>	11<mj>	10<mj>	0	0	0	0	0	0
9	0	0	0	0	0	0	0	1	0	0	0	0
10	0	0	0	0	0	0	1	0	0	0	0	0
11	0	0	0	0	0	0	0	1	0	0	0	0
12	0	0	0	0	0	0	1	0	0	0	0	0

图 8 - 113　毛经组织表

其中组织表中各种组织代号所表示的组织如图8 - 115。

(5) 建样卡

同没有缎档的毛巾的样卡。

(6) 填辅助组织表

同不展开的无缎档的毛巾的辅助组织表的填法相同,只是缎档部分的边需根据需要填入不同的组织,如本例缎档部分做一个 12 上 12 下的经重平组织,则只需在辅助组织表的 10 号色的第 7 梭和第 8 梭各填 6

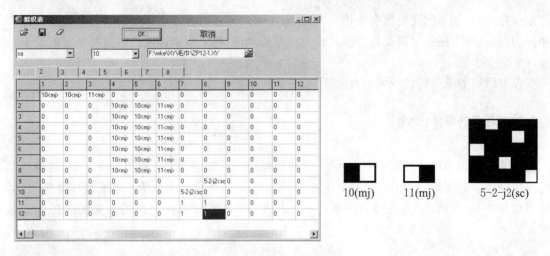

图 8 - 114　地经组织表　　　　　　　　　　　　　　图 8 - 115

上 6 下的经重平组织即可（6-6（sa）为 6 上 6 下的经重平组织），辅助组织表如图 8 - 116 所示。

（7）停撬

对于毛巾的缎档部分来说一般是需要停撬的（对于整块毛巾来说，缎档和平布以及起毛部分的织机纬密是相同的，要想提高缎档部分的纬密，就需要通过对缎档部分停撬来实现），具体的停撬方法有两种：

①在辅助组织表中将每一梭的停撬规律用组织的形式体现出来。例如在本例中缎档部分所用的梭位为第 7 和第 8 梭位，如果对于第 7 梭位（即第 2 梭）需要停 4 送 1，则在辅助组织表的 7 号色对应的第 7 梭位填入一个 4 起 1 落的组织即可，对于第 8 梭位（即第 3 梭）需要停 3 送 1，

图 8 - 116　辅助组织表

则在辅助组织表的 7 号色对应的第 8 梭位填入一个 3 起 1 落的组织即可，具体填法如图 8 - 116 所示，如果某一纬纱在其中是全停撬的，则在辅助组织表中在该梭纬纱对应的 7 号色位置填 1 即可。辅助组织表中的组织代号所表示的组织如图 8 - 117。

②在投梭中将纬纱的停撬规律表示出来，用这种方法可以更灵活的控制纬纱的停撬规律。具体操作时可以先将需要停撬的梭位复制到相应的位置（如在本例中在第 7 及第 8 梭位停撬，所以先将第 7 和第 8 两个梭位复制到它们右面的第 15 及第 16 两个梭位，复制时应使它们左右对齐），然后再根据它们的停撬规律改动复制过去的梭位即可，需要停撬的地方不动，不需要停撬的地方将它的颜色改为 0 号色即可。本例中同样第 7 梭位是停 4 送 1，第 8 梭位是停 3 送 1，则只需

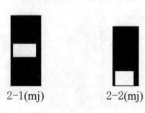

图 8 - 117

将复制过去的第 15 梭位每隔 4 梭去掉 1 梭即可（如 2-1（mj）组织的循环），而对于第 16 梭位则每隔 3 梭去掉 1 梭即可（如 2-2（mj）组织的循环）。在全部修改好之后需要重新保存投梭（以前是几

梭还是保存几梭，如本例还是保存 8 梭）。这样做出来的停撬同方法 1 中做出来的停撬效果是完全相同的，用这种方法还可以在局部改变固定的停撬规律，达到根据需要任意控制纬密的效果。

（8）纹板处理

同没有缎档的毛巾的纹板处理方法。

2. 投梭展开的做法（少用）

（1）绘图

前面的步骤如不展开的缎档毛巾做法，在将缎档、平布、起毛三部分拼接起来之前，将缎档部分的小样参数中的纬线数改为缎档部分的总纬线数的 1/3，纬线密度改为毛圈密度 1/3 即可，然后便可以将平布、缎档、起毛三部分拼接为一个图形了，再将纬线数和纬线密度同时扩大 3 倍即可。

（2）投梭

同样如图 8 -112，在平布部分对应的 1 号色的区域用 1 号色投第 1 梭位，在起毛部分对应的 2、3、4、5、6、7、8 号色对应的区域用 1 号色投第 2 梭位，在 9、10（不铺入组织点，所以没有 11 和 12 号色）号色对应的区域用 2 号色和 3 号色投在第 3 和第 4 梭位。然后需将 3、4 梭位共同存在的地方的投梭做一下改动，将第一根 3、4 梭位共同存在的地方的第 4 梭位去除，第二根 3、4 梭位共同存在的地方的第 3 梭位去除，再将该规律复制下去，直到 3、4 梭位结束的地方，最后保存 4 梭即可。

（3）铺组织

方法同不展开的铺组织方法，但是所铺入的组织应该是一个纬向展开的组织，展开的组织如图8 - 120所示，在本例中不铺入，只需在组织表中填入即可。

（4）填组织表

平布和起毛部分的填法和没有缎档毛巾展开做的填法是相同的，对于缎档部分来说只需在组织表中填入展开的组织图即可，组织表如图 8 - 118、8 - 119 所示。

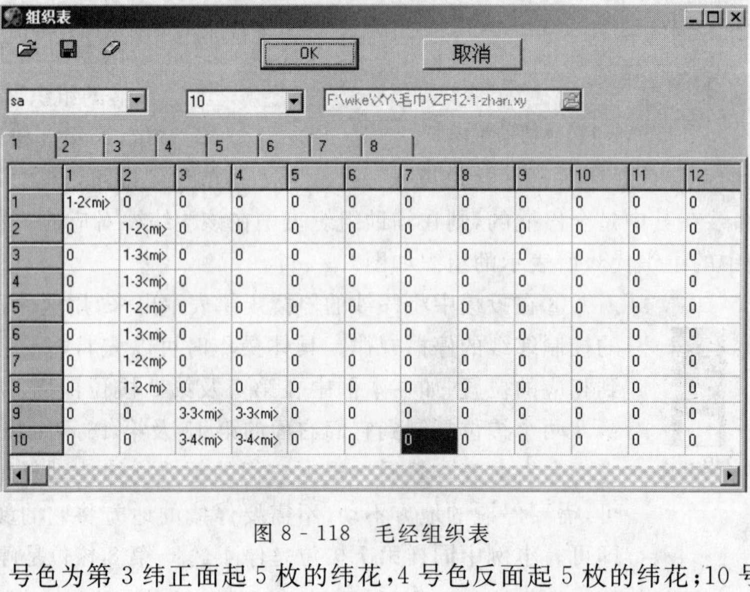

	1	2	3	4	5	6	7	8	9	10	11	12
1	1-2<mj>	0	0	0	0	0	0	0	0	0	0	0
2	0	1-2<mj>	0	0	0	0	0	0	0	0	0	0
3	0	1-3<mj>	0	0	0	0	0	0	0	0	0	0
4	0	1-3<mj>	0	0	0	0	0	0	0	0	0	0
5	0	1-2<mj>	0	0	0	0	0	0	0	0	0	0
6	0	1-3<mj>	0	0	0	0	0	0	0	0	0	0
7	0	1-2<mj>	0	0	0	0	0	0	0	0	0	0
8	0	1-2<mj>	0	0	0	0	0	0	0	0	0	0
9	0	0	3-3<mj>	3-3<mj>	0	0	0	0	0	0	0	0
10	0	0	3-4<mj>	3-4<mj>	0	0	0	0	0	0	0	0

图 8 - 118　毛经组织表

小样中的 9 号色为第 3 纬正面起 5 枚的纬花，4 号色反面起 5 枚的纬花；10 号色为第 4 纬正面起 5 枚的纬花，3 号色反面起 5 枚的纬花。组织表中平布与起毛部分的组织代号所表示的组

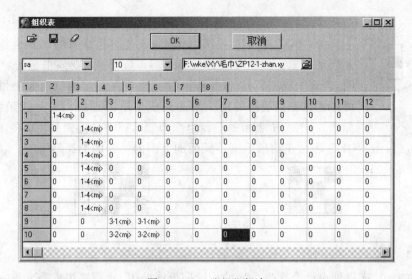

图 8 - 119 地经组织表

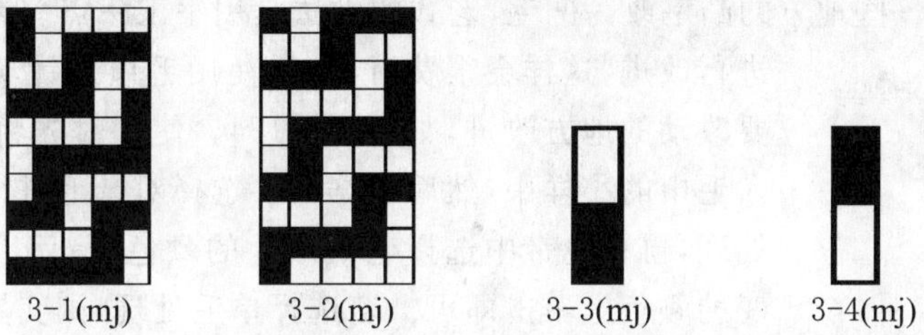

3-1(mj)　　3-2(mj)　　3-3(mj)　　3-4(mj)

图 8 - 120 组织图

织与没有缎档的毛巾展开做法中的组织是相同的。

（5）建样卡

同无缎档毛巾的样卡建法。

（6）填辅助组织表

平布和起毛部分的填法同展开的无缎档的毛巾的填法相同,对于缎档部分的纬纱来说梭箱针填的组织和起毛与平布部分填的是相同的组织,边针则填入展开的边组织。

（7）停撬

同不展开的做法相同,也可以在 2 种方法中任选一种（一般选第 2 种做停撬的方法）。

（8）纹板处理

同没有缎档的毛巾的纹板处理方法。

在上面的章节中已经介绍了一些常见的毛巾的基本做法,但在具体的设计过程中也许还会碰到一些问题,或者说对于一些问题也许可以用一些更为简便的做法来处理,以下对一些设计中碰到的问题进行探讨和研究。

（1）首先,对于毛巾的平布部分来说,在设计的过程中一般不需要再进行什么改进,只需按一贯的做法来设计即可,但是如果想对平布部分进行变动也是可以的,但变动时应遵循一些基本的原则不能变:

①如果是三纬毛巾的话,应使平布部分的毛经组织与地经组织在纬向的循环都最好为 3 纬一个循环。如果是 4 纬毛巾的话则纬向循环最好为 4 纬一个循环,以次类推。

②设计过程中毛经和地经的组织最好不要设计太过松散的组织,否则会影响整块毛巾的

质量。

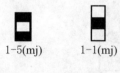

图 8 - 121

（2）其次，对于起毛部分来说，通过前面章节的内容也许已经看出来了当某一根毛经纱与纬纱交织成 1-5（mj）时，则该根毛经纱在正面起毛圈，若交织成 1-1（mj）时，则该根毛经纱在毛巾的反面起毛圈。所以我们可以通过变换毛经的组织来达到使毛巾的正反面毛圈数量不等的效果。如图 8 - 122 所表示的毛经组织即表示正面的毛圈是反面的毛圈 2 倍的一个毛经纱的组织；图 8 - 123 表示正面的毛圈是反面的毛圈的 2/3 的毛经纱组织。

图 8 - 122　　　　　　　　　　　　　　　　图 8 - 123

在 Jcad 中还加入了毛巾加针功能，该功能适用于毛巾的单双毛交界处的处理，对于有单双毛交界的组织来说，交界处也许会产生小块的连续凹毛或凸毛，我们要根据需要将一些地方的凹毛改为凸毛，或者将一些地方的凸毛改为凹毛，老式的做法是用手工一点一点将需要改动的地方进行改进，这样会很费时，如果使用毛巾加针功能则可以很快将需要改动的地方改进，如图 8 - 124。使用时先将单双毛组织分别铺入毛巾的小样中，然后根据需要选择对杂毛进行单毛处理还是双毛处理，再在色带中选择毛巾加针的颜色，最后用鼠标左键在需要改变的颜色上单击即可。若选择单毛处理，则交界处的双毛将变为单毛，若选择双毛处理，则交界处的单毛将变为双毛。该功能对于对单双毛交界处的处理有很大的好处，可以节约很多手工修改的时间。

图 8 - 124　毛巾加针

另外在实际的设计过程中也可以用不同颜色的毛经纱来组合，然后根据毛经纱的排列规律来设计毛经纱的组织，达到使毛巾的正反面能体现出不同色彩效果的图案，设计出品种更丰富的毛巾织物。对于非装饰用的毛巾设计，应避免毛巾的正面出现大量的凹毛组织，否则会影响毛巾的使用效果。

（3）对于缎档部分来说，它的主要作用是对整块毛巾起装饰作用，所以应使它与毛巾的正身部分相协调，另外由于毛巾的起毛部分有毛圈的存在，所以一般都显得比较厚实，为了使缎档部分与毛巾正身搭配协调，缎档部分也应该织造比较厚实一些的组织，比如纬二重或纬三重组织，缎档部分的纬密也应该比起毛部分的纬密大效果才好。对缎档部分的设计也可以参考本书中装饰布的设计方法。

参 考 文 献

1. 严洁英等.织物组织与纹织学.北京：中国纺织出版社,1998
2. 张森林、姜位洪.纹织 CAD 技术的应用及其发展方向.北京：纹织学报,2004(3)
3. 沈干.丝绸产品设计.北京：纺织工业出版社,1991
4. 张丽华,肖建宇.毛巾设计与工艺.上海：中国纺织大学出版社,1993
5. 倪明田,吴良芝等.计算图形学.北京：北京大学出版社,1999
6. 翁越飞等.提花织物的设计与工艺.北京：中国纺织出版社,2003
7. 张森林,张建海,宋佳.织物二维场景横拟系统实现及应用.北京：纺织学报,2005(3)
8. 常培荣等.棉毛纹织物设计与工艺.北京：中国纺织出版社,1996
9. 姚穆等.纺织材料学.北京：中国纺织出版社,2000
10. 沈庭芝,方子文等.数字图像处理与模拟识别.北京：北京大学出版社,1999
11. 蔡黎明等.纺织品大全.北京：纺织工业出版社,1992